日本と日本人を危うくする

安保法制の落とし穴

私たちが反対する理由

特別寄稿
浅田次郎
（作家、元自衛官）

憲法
小林 節
（憲法学者、慶応大学名誉教授）

防衛・安全保障
柳澤協二
（元内閣官房副長官補、防衛担当）

PKO
伊勢崎賢治
（国際紛争解決人、東京外大教授）

外交
天木直人
（元外交官）

経済
植草一秀
（エコノミスト）

言論
半田 滋
（軍事ジャーナリスト）

自衛隊の現場から
泥 憲和
（元自衛隊防空ミサイル隊員）

体験的反安保法制論
井筒高雄
（元陸上自衛官レンジャー）

ビジネス社

まえがき

昨年の春頃から、安倍政権の憲法解釈による集団的自衛権の行使容認論が聞こえ始め、それに反対する全国各地の集まりに呼ばれるようになりました。私が元自衛隊レンジャー隊員として、元地方議員として、立憲主義と法治国家を破壊する「クーデータ行為」を黙って見過ごすわけにはいかないと声を上げたのが、口伝えに届いたからなのでしょう。

小さなものは小学校のＰＴＡ主催の勉強会から、大規模なものは日比谷野外音楽堂を埋め尽くす全国集会まで、月を追うごと日を追うごとに「元自衛官の本音が聞きたい」と呼ばれる回数がふえ、反対運動の国民的な高まりをひしひしと感じています。

しかし、私一人の力など知れています。「お前の話で戦争のリアリティがよくわかった」と共感はしてもらえますが、共感と危機意識だけではストップをかけるにはまだまだ力不足です。この問題の背景にある憲法、軍事（安全保障）、外交、経済、政治、言論ジャーナリズムなど大きな枠組みから包括的に批判していかなければ、説得力にかけ、大きな議論と大きな運動のうねりにはなりません。

そこで、各界の第一人者に私が突撃インタビューを試み、叩き上げの自衛官の想いをぶつけながら安保法制の問題点を抉りだそうと思い立ちました。当初、私が挙げたインタビュー候補に、出版社の方からは私のような無名の男の依頼に乗ってくれるはずもないと言われましたが、無手勝流でお願いをしたら、驚いたことに、みなさん二つ返事で受けていただけました。おそらく戦後70年の節目に今回の安保法制が提起される事の重大さを共有され、さらにこの議論が抽象論でなく自衛隊の現場の意見をふまえなければ空理空論になりかねないと認識されたからだと思われます。みなさんの高い見識と広い器量にただただ感じ入るばかりです。

各界の専門家からお話をうかがって、私自身も本当に目からウロコが落ちました。この安保法制は国民にとっても自衛隊員にとってもあらゆる面からみて欠陥どころか危険きわまりないものであることが分かり、いっそう反対の確信を深めました。きっと読者にとっても、ともすると複雑怪奇に見える安保法制をめぐる議論が「なるほどそうだったのか」とリアルに肚に落ちてくれるはずです。

専守防衛とは、個別的自衛権とは、集団的自衛権とは、安全保障とは、憲法とは、そして平和とは「何か」を考えることを通じて、この困難で不透明な時代をいかに生きるべきかの指針にしていただけたら幸いです。

2015年盛夏

井筒高雄（元陸上自衛隊レンジャー隊員）

目次

はじめに……2

〈特別寄稿〉法治国家の崩壊宣言に他ならない！
浅田次郎（日本ペンクラブ会長、作家、元自衛官）……7

〈安保法制と憲法〉明白な憲法違反を強行する〝バカの壁〟
小林節（憲法学者、慶應義塾大学名誉教授）……13

〈安保法制と防衛・安全保障〉政治家に命を賭ける覚悟はあるのか
柳澤協二（元内閣官房副長官補、安全保障・危機管理担当）……41

〈安保法制とPKO活動〉国際紛争の現場からほど遠い空論
伊勢崎賢治（国際紛争調停人、東京外国語大学教授）……75

〈特別寄稿〉

法治国家の崩壊宣言に他ならない!

浅田次郎

(日本ペンクラブ会長、作家、元自衛官)

あさだ じろう

1951年東京の生まれ。本名、岩戸康次郎。高等学校卒業後、自衛隊に入隊。除隊後はアパレル業界などで働きながら投稿生活を続け、「鉄道員(ぽっぽや)」で直木賞受賞。ピカレスク小説、歴史小説など多彩な作風で人気を博している。日本ペンクラブ会長として、安保法制に反対の立場から精力的に発言をつづけている。

私は現在、日本ペンクラブ会長をおおせつかっております。その立場で、今回の日本弁護士連合会主催のシンポジウム「安全保障法制の問題点を考える」には伺いました。

そもそもペンクラブとは文筆家のサロンではなく、第一次世界大戦が終わったとき、言論・表現の自由が保障されていないと必ず戦争が起きると思いいたった世界中の文筆家が集って、ロンドンに本部をおき、世界各国にブランチをつくったのが始まりです。日本は数年遅れてから参加して今日にいたっております。表現・言論を守るための団体であって、けっして〝反戦団体〟ではありませんが、ここのところ言論・表現の自由が危うくなっていると感じて、会長としては看過できず、原稿の締め切りを放り出して、あちこちへ出かけてはお話をしている次第です。おかげで明日は直木賞の選考会ですが、選考委員の一人である私は、まだ候補作を1作読み残してここへ伺っております。

安全保障法制の問題点については、本シンポジウムの基調講演者である井筒高雄さんと半田滋さん（本書でも両氏は対論をされています）がリアルな事例を引きながら指摘されましたので、私は文筆家を代表する立場から、直截に申し上げます。

今、日本がなすべきことは何でしょうか。アメリカとの軍事同盟を強化することではないと私は思います。

日本ができる、いや日本にしかできない真の国際貢献が三つあります。

一つは、被爆国として世界の反核運動を指導する立場にあるということです。

二つめは、日本は先進国の中では宗教色が薄い、極めて珍しい国であり、それによって中東をはじめ国際紛争の基になっている国家と民族間の宗教対立を調停できる立場にあるということです。また日本にはそれをやれるだけの経済力もあります。

三つ目は、戦争放棄をうたった平和憲法をもつ、おそらく世界で唯一の国であり、それによってあらゆる戦争や紛争を仲裁できる立場にあるということです。

これら三つは、世界に向かって日本ができる、いや日本にしかできない国際貢献ではないでしょうか。ところが、今回の安全保障法案は、大局的な見地からみると、この日本にしかできない国際貢献をすべて放棄してしまうことになりかねません。これは、自分の足元しか見ない小さな考えに基づく実に愚かな行ないです。

ちなみに私は元陸上自衛官です。本日基調講演をされた井筒高雄さんと同じ第1師団の出身です。第1師団はいくつかの連隊で構成されていて、井筒さんは朝霞の第31普通科連隊、私は市ヶ谷の第32普通科連隊――ともに昔の近衛連隊の勤務でした。ただ井筒さんと私とでは入隊時期が違い、私が入隊したのは昭和43年。ベトナム戦争たけなわの頃でした。若い時分は、戦争に行って死ぬかもしれないというリスクはまるで考えませんでした。

しかし、今振り返ってみると、もしあのとき集団的自衛権が容認されていたら、私は自衛隊員として確実にベトナムへ行っていたでしょう。お隣りの韓国はベトナムで5千人もの死傷者を出しましたが、日本が参戦していたらそれを上回る悲惨な犠牲を強いられたことは間違いありません。

たしかに自衛のための軍備は必要だと思います。

その上で、私たちは70年もの間、戦争をしなかった軍隊をもっていることを誇りに思うべきです。

戦後70年、自衛隊は弾を一発も撃たず、ひたすら河川の土手に土嚢を積み、除雪をし、道路をつくり続けたのです。これは世界に誇っていい軍隊の形ではないでしょうか。

ともかく今回の法案は、憲法の拡大解釈の限界をはるかに超えています。これを「合憲」とするのは、誰が考えても詭弁という他ありません。いや、詭弁というのでは生易しすぎます。憲法が冒瀆されているのです。このままでは憲法が超越・無視されることになるわけですから、どうしてもこの安全保障法制を施行させたいのであれば、順序としては憲法改正を先にすべきでしょう。そうでなければ、この国はもはや「法治国家」とは言えません。戦争法案かどうかの議論の前に、この国は「法治国家」の基礎をすら失いつつある、これこそが私がなによりも憤りをもって言いたいことです。

もう一点、あまり問題にされていないことで、ぜひとも指摘しておきたい重要なことがあります。なぜ安倍首相は、国民に了解をとる前にアメリカに約束をしたのか。これは事の賛否にかかわらず、国民に対する侮辱です。日本国民の負託を受けた首相にはあるまじき所業です。安倍首相はよほど国民は馬鹿だという「愚民思想」をお持ちなのか、それとも物事の手順がわからずに結果として国民を侮辱しているのか。

憲法解釈もそうですし、アメリカとの約束もそうですが、ことごとく順序が逆さまです。何事も一つ一つ段階を踏んで進めていかなければなし得ません。

重ねて申し上げます。「法治国家」の基礎を失わせたこと、そして国民を侮辱したこと、この二つは妄動であり、許すことはできません。

なお、このシンポジウムで井筒高雄さんにお会いをして、井筒さんがコーディネータとなって本書を刊行されるとうかがい、このリレートークを再録する形で協力をさせていただくことにしました。

言論・表現の自由を願う文筆家として、またこのままでは海外で「犬死」を余儀なくされる後輩たちを憂える元自衛官として、本書が安保法制をめぐる妄動を押し返す一冊となることを願ってやみません。

（2015年7月15日に開催された日本弁護士連合会主催のシンポジウム「安全保障法制の問題点を考える」での発言をもとに浅田次郎氏に加筆していただきました――編集部）

〈安保法制と憲法〉

明白な憲法違反を強行する〝バカの壁〟

小林 節

（憲法学者、慶應義塾大学名誉教授）

●聞き役●井筒高雄

撮影・堂本ひまり

こばやし せつ

1972年慶應義塾大学法学部法律学科卒。1977年慶應義塾大学法学研究科博士課程単位取得満期退学。ハーバード・ロー・スクール客員研究員などを経て、1989年慶應義塾大学法学部教授に就任。2014年同大学退職、同時に名誉教授に就任。

著作多数、近著に『憲法改正の覚悟はあるか――主権者のための「日本国憲法」改正特別講座』（KKベストセラーズ・2015年）などがある。

「安保法案」は露骨な憲法違反である

小林　ぼくは以前、北海道・稚内の航空自衛隊のレーザーサイトから、南の硫黄島の施設まで見させていただいたことがあって、自称「自衛隊通」であるのですが、最近、ぼくの言動がチェックされているらしく（笑）、そういうお呼びがかからなくなりました。

井筒　それはまことに恐縮です（笑）。本日は本当にご多忙の中、お時間を割いていただきありがとうございます。では早速お聞きしてまいりたいと思います。まず単刀直入に、今般の「安保法制」の問題点とは何でしょうか。一つは憲法との関連。そして、法案自体の問題という二つの面から伺えればと思います。

小林　もちろんそれは重なってしまうんですが、日本国憲法というのは、好き嫌いは別にして敗戦の証文で、改正されないかぎり有効です。となると、9条の1項で、国際紛争を解決する手段としての戦争は放棄するが、国際法上の自衛のための戦争はできる。これがパリ不戦条約以降の世界的標準の憲法の読み方です。

ただ、2項で軍隊は持たない、交戦権も持たないとなっていますから、日本は陸海空軍を持てないんです。そして76条2項で軍法会議も禁止されていますから、日本には軍隊がなく海外で戦争ができないということは間違いない。

では、敵が攻め込んできた場合どうするかというと、国内で警察より大きな火器を持った「第二警察」、すなわち自衛隊を用いて敵を追っ払う。これがすなわち専守防衛。専守防衛では、領土、領海、領空、そして公海と公空では武力を使えるということです。ですから、自国領域とその周辺だけをつかって敵をはね返すということです。
法的性質として、自衛隊は第二警察であって軍ではありませんから、軍隊法は適用されない。
以上が憲法と自衛隊の現在の関係です。

井筒 私たちもそのような理解です。

小林 そこで今回の新安保法案に言う「存立危機事態」とは何かというと、海の向こうで他国が襲われたことによって、すぐ日本の沈没と日本人の全人権の否定が起こる明白な危険性がある状態のことと説明されています。

これは、普通のあたまで考えるならまったくありえないことを前提に置き、それがあったと政府が認定して、自衛隊が海外へ飛んで行って戦争に参加する。そういう法案ですね。これ自体、海外派兵そのものです。つまり憲法9条が示す海外派兵の禁止、それと海外での他国の軍隊との武力行使の一体化の禁止という、政府が積み上げてきた憲法解釈をまったく無視するものです。

だからもし、日本の自衛隊が、かっこつきの軍隊ですが、海外でドンパチやったらそれは、海賊や山賊の行為になってしまいます。正確にいえば、敵に捕らえられても捕虜としての扱いは受けられず、刑事犯罪者になってしまうんですね。

そういう構造ですから、存立危機事態での派兵は海外派兵ということで、露骨な憲法違反です。他方、「重要影響事態」というのは、海外の戦争で日本の安全保障に重要な影響が起きるという明白な可能性があると認定した場合に、自衛隊が海外に飛んで行って、簡単にいえば最前線でのコンバット攻撃以外は全部やるということ。

これまでは、地理的にまだ戦争は起きていないし、これからも起きないだろうという非戦闘地域を指定して派遣していました。イラクのサマワなどがそうですね。戦地から離れた砂漠の中に拠点をつくったわけです。そうして、アメリカの要求する「ブーツ オン ザ グラウンド」とか「ショウ ザ フラッグ」に応えてきました。

それはつまるところ、見世物としての兵隊さんだったわけですが、こんどは違います。昼は互いに顔の見える距離にいて静かでも、夜間になると夜襲攻撃なんてことも予期される。弾も油も供給するし、通信もする。はぐれた兵隊さんの捜索活動もするし、輸送もする。治療も、食事もつくるし、ハウジングもする。

安倍首相は、戦闘がはじまったら撤退するというけれど、ある朝戦闘が始まったら、食事もつくらず治療もしないで逃げ出すなんてありえない話です。

井筒 おっしゃる通りです。

小林 これは後ろから他国の戦闘に合体するということですから、これも海外における他国軍武力行使との一体化であり、明らかな憲法違反です。

ですから「存立危機事態」も「重要影響事態」も露骨な憲法違反です。これは憲法9条の本来の趣旨からも禁止されていることだし、何よりも自民党が積み上げてきた解釈先例を無視しています。

安倍さんはホルムズ海峡有事の際には自衛隊が飛んでいく、それしかやらないと言っていますが、それしかやらないなんて法律のどこにも書いていないんです。海外で同盟軍が撃たれて明日日本が沈むと認定したら、それはありえないことですが、何でもできるということ。

こんなザルみたいな法律をつくって、「私に任せてください、私がうまくやります」というのは法治ではなく人治主義です。日本の北朝鮮化。憲法の破壊、民主主義の破壊、独裁政治です。

井筒　憲法の枠内で法律を運用するのが前提なのに、存立危機事態も重要影響事態もそうなのですが、どこをどう切り取っても、先生のおっしゃるように、自民党の内閣が積み上げてきたことにも反しています。

また防衛白書にも、去年までは、憲法9条との絡みで集団的自衛権は行使できないと書かれていました。それを昨年7月1日の閣議決定で覆されて、2014年8月の防衛白書から、憲法解釈による集団的自衛権の容認と書き換えられました。ここまで安倍内閣に憲法を踏みにじられ、専守防衛から180度変わってしまうことに普通の国民もそうですが、自衛官も簡単に受け入れられることなんてできません。

小林　今の話は自衛隊員にとってということですが、国民全般にとって何が起きているか、この法律が通って有効になるとどうなるか、という話をしましょう。

今まではわが国には海外へ自衛隊員を派遣する法律がありませんでした。憲法9条に守られて、間違っても戦さをすることはできなかった。PKOは今でもやっていますが、それは戦争の後の現地国の警察のお手伝いです。それ自体は戦争ではありませんから、ぼくはそれについては納得しています。

ところがこの法律ができますと、憲法でいう「平和的生存権」が破壊されるんです。平和というのは、戦争あるいはその危険が現実にない状態のことです。

現時点でわが国はみずから戦争を招くことはないわけです。だからこの70年間、われわれは平和に生きてこられた。ところがこんどの戦争法が有効になると、いつでもわが自衛隊が他国に飛んで行って、殺し殺される状態になる。つまり、その瞬間に戦争の危険が発生する。

繰り返しますよ。「平和的生存権」は憲法の前文と9条に書かれていて、われわれは平和の裡に暮らす権利があるわけです。平和の反対の概念は、戦争あるいは戦争の危機です。戦争の危険が発生した時点から、われわれは常にビクビクする状態になるんですね。だから法案が通った瞬間、われわれの平和的生存権は毎日傷ついていくわけです。

もちろん近い将来、われわれやわれわれの家族が戦地に行くことになるでしょう。安倍さんはそのためにこの法律をつくったわけですから。そうすると当然、そこに戦死者が出ることになります。

井筒　憲法に「平和的生存権」という概念があることはあまり意識していませんでした。

小林　今、世界で起きている戦争というのは、キリスト教グループとイスラム教グループの殺し合いです。われわれは神道と仏教の国ですから、本来第三者なのです。アメリカが引き起こした戦争に二軍として参加しているのは、イギリス、フランス、スペイン、これはみなキリスト教の国々です。ロンドン、パリ、マドリードで起きたテロが今度は東京で起きます。自然とテロの対象になるでしょう。

アメリカが、いつ日本に参戦を要求してくるか。アメリカは第二次世界大戦直後、最大の経済大国でしたが、戦争という花火大会をやりすぎて、本当は戦費破産している国です。アメリカはいま、ときどき公務員の給料の遅配をしていますが、それもひとつの証です。

ですからアメリカはもう息が上がっていて、日本に助けてくれと間違いなく言っています。戦争というのは見返りのない、値段の高い花火大会ですから、そうなればいずれ日本も戦費破産です。戦費はすべて国民負担。いいことはひとつもないですね。

井筒　一昨年の末に「特定秘密保護法案」が通っていますが、これと、今度の戦争法案との関係性はどう考えたらいいのでしょうか。

小林　戦争というのは機密の塊ですから、勝つためには情報統制が必須。スパイ防止法案は先駆けてつくられたわけですけど、その目的は言論統制ですね。国民の知る権利を抑えるということは、メディアの表現の自由を抑えるということで、自由に取材もできなくなります。信じられないことだけど、いつか来た道ですね。戦前の治安維持法が思い起こされます。

「国防義務」と「幸福追求権」

井筒　もし安保法制が通ったら、法律家からみて、自衛隊および自衛隊員にとってはどのような不都合が生じるでしょうか？　それがひいては国民にどのような不利益をもたらしますか？
　そして安保法案で自衛隊員の募集については、どんな変化があらわれると思われますか。

小林　自衛隊に入れば官舎で衣食住がまかなわれ、アスレチックもやれて奨学金も付く。アメリカでもそうだけれど、経済的に大学に入れない、偏差値の高い若者が軍隊に入れば奨学金ももらえます。人間誰しもそうだけど、戦争に行けば戦死者が出るのはわかっていても、それは自分じゃないと思っているんですね。しかし、ある確率で必ず戦死が起きる。ですから、奨学金がもらえるからと入隊する人は死というものを現実のものとしてとらえていないんですね。だから徴兵制にしなくても人は集まると思いますよ。

ただ自民党の憲法改正案には「国民の協力を得て国防をする」と書いてあります。憲法で協力と謳ったら、それは義務。どう見ても「協力する義務がある」としか読めない。憲法上では最高の協力義務は国家防衛ですから、それは国民の権利の上位に立つことになるのです。

井筒　国民保護法でも、公共交通機関や公共放送など、あるいは医者や看護師もそうですが、甚大災害などの非常時にはこれに協力しなければならないとあります。違反すれば、刑事罰が科されます。

小林　あらゆる人権は、憲法上「公益に資する」べきという制約がありますから、国家の維持という最上位の公益、すなわち国防協力義務に対しては譲らなければならないんですね。あらゆる権利が停止される。世界の憲法ではそれが常識です。だから徴兵制もやろうと思えばやれます。

井筒　戦争はお金がかかります。日本の抱える国家債務がＧＤＰの２３０パーセントという膨大な額になっているときに、安保法制で必要となる戦費はどう調達するのでしょう。安倍政権は２０２０年までにプライマリーバランスを黒字化すると言っていますが。

小林　そんなの、ウソですよ。ぼくは自民党と長く付き合ってきましたが、彼らはけっして歴史の中で考えていないです。今の自分にとってどうか。せいぜい明日のことしか考えていない。自民党のある議員が言っていましたけど、将来のことはその時の人に任せればいいと。それが彼らのカルチャーなんでしょう。

井筒　安倍さんは「幸福を追求する権利」ということを安保法制の国会答弁の中で盛んに言うのですが、これについてはいかが思われますか。

小林　それは憲法13条の条文を言っているだけですよ。あれはアメリカの独立戦争から引っ張ってきたものです。「生命・自由・幸福追求の権利」は「人権」をまとめて言っただけです。「幸福追求」というのは人権すべてに共通する本質を言っているのであり、新しい社会で新しい事態が起きて人権が侵害されそうになったときの反撃のためのマジックワードとして言っているのです。特に新しい概念ではないですよ。

たまたま安倍さんは、答弁のなかで「1972年政府見解」を引いているものだから、その中に出てきたフレーズをおうむ返しに言っているだけで、あなた方をハッピーにしますという意味で使っているのではありません。

人間は誰しも、自分が自分らしくあれることでハッピーになれるんです。他人がどんなに美人と褒めても、自分がそう思わない人と強制結婚させられてもうれしくないですよね（笑）。余計なお世話です。

井筒　いかにも意味がありそうに聞こえるんですが。

小林　私には聞こえませんね。安倍さんのその言葉には深い意味はないと思います。国民が幸福になるなんて、ぜんぜん思っていないでしょう。また決まり文句を言っていると、日ごろの言動からしてそう思います。彼らの言う幸福という言葉に深遠な意味はないと思いますよ。

自衛隊員の仕事の中身がまるで変る

井筒　自衛隊員には「服務の宣誓」があります。「憲法と法律をきちんと遵守して、危険を顧みず、自ら挺身すること。もって国民の負託に応えること」。自衛隊員の仕事を端的に言っているのですが、今度はその仕事が大きく変わると思います。

小林　ぼくもなんどか聞かれて答えていますが、自衛隊の仕事は何かというと、「第二警察」なんですね。逆にいえば「戦争がない国の自衛隊だからいいよね」と冗談を言えました。ところが今度は、戦争がすぐ隣りに来るんです。学校に就職したつもりが消防署に配置転換されたようなもので、学校で先生と呼ばれるはずが、そうではなくなる。みんなに先生と慕われるために入ったのに、違う職種になっていた、そういうことですね。

井筒　おっしゃるとおりで、もし今度の法案が通るなら、「服務の宣誓」を取り直すか、あるいは文言を作り直し、それで再入隊させるのか、ということですね。

私が退職するきっかけになった1992年のＰＫＯ法成立にしても、その内容は自衛隊の附則任務に過ぎませんでした。治安出動、防衛出動、災害出動の3本柱の下に位置付けられていたのです。そのＰＫＯ活動、おまけみたいなものが20年以上たって、イラク戦争をきっかけに本務に昇格しました。本来ならそのときにも「服務の宣誓」を見直すことがあってしかるべきと思っていました。

ですから、今回の安保法案でも、「服務の宣誓」を取り直すのか、あるいは予備役として外にいる隊員も含めて全員、除隊するのか、残るのかをもう一度聞くべきだと思います。そういう意見具申はできるのかどうかなんですが。

小林　日本の自衛隊で、意見具申は無理ですよ。「憲法違反だ」という申立ては聞いてもらえません。それは高度の政治マターですから。戦場で隊長が右に行こうというのを、「隊長、それはまずい、左にしましょう」と、そういう意見具申ならできますが、最後に隊長が右と決めたら右に行かなくてはならない。それは自衛隊に限らず、あらゆる組織がそうなんです。それで上官が責任をとらされるのです。

それから、残る残らないの手続きは簡単です。本来は自衛隊は性質が変わり、第二警察から軍隊になりましたと。当然危険は増しますと。そのことを説明したうえで、残るか残らないかを決めさせる。残るんだったら、宣誓をどうぞと。宣誓の内容はどの国でもあんなものですから、その内容についてグチャグチャ言っても意味ありません。本来は、海外での戦争には行かないという一文を入れてあるべきです。

井筒　なるほど。実にシンプルです。小林先生に言われると、みな実現可能に思えてきます。

もう一つお聞きします。これまでPKO派遣でも、上官の裁量の中で、連れて行く行かないの判断が許されるという緩い部分がありましたが、これからはそうもいかなくなるということについて。

それともう一つは依願退職の件ですが、私が1992年に退職したころは、長と名がつく人は部下に退職者が出ると自分のキャリアに傷がつくということで、任期満了まで待てとか、あるいはなんとか思いとどまらせるために、部隊内でムチをふるいながらそういう思いをつぶしていくということがありました。それが、今度の法案が通れば、日本は平和で市民の生活は平穏でも、政府が海外有事と認定して派兵となったときに、果たして依願退職がスムーズに認められるのかどうか。

小林　アメリカの最高裁の判例で、すごく率直なものがあるんです。昔は戦線離脱は反国家犯罪で、最高は死刑の可能性もありました。ところが、ある最高裁判決は良心的懲役拒否を認めるときに、戦争をしたくないという者をむりやり戦場に連れて行っても邪魔になるだけ。かえって戦争ができなくなるから、それは見逃すと。そのかわり国民としての義務があるから、税金を免除しないとか、病院で洗濯作業を何日間かやるとか、そういう社会奉仕を代替としてやらせる。アメリカはそういうガイドラインになっているわけです。

今の制度で、国内勤務の部隊が海外勤務を命じられたら、俺は嫌だと退職を申し込む人はいるでしょう。女房子供がいるから、女房の腹に赤ん坊がいるから、もうじき結婚する予定だからと。退職は一応、許可制になっていますが、それは部隊はチームで動いているからで、突然言われたほうも困る。だけど、本当に嫌だったらしばらく逃げていればいいんですよ。懲戒処分にされるだけです。

でも堂々と依願退職したいわけですね。そこで許可されるかどうかですが、それなら必ずマスコミに通告することです。そうすると、自衛隊としても世間に広がり大事になるよりは認めてしまうかと。だいたい、戦地に行っても塹壕から出てこないのではしようがないじゃないですか。あるいは、ふるえてオペレーションができなくなったら困るでしょう。でもそうしていったん認めると次から次へと退職希望が出てくる。当局はそれを止められますかね。止められないでしょう。職業選択の自由があるわけだから。

井筒　私の場合は、退職を申し出たとき、考え直せと言われました、三等陸曹に昇進したばかりでしたので、次の昇進試験ではおまえはこうなるなどと、昇進の参考にする成績表みたいなものを見せられたりしました。だから定年まで勤めろと。

「軍」として海外に出してほしい

井筒　今、私が思うことは、少なくとも自衛隊を海外に出すときには「軍隊」として派遣してもらいたいということです。戦闘服を着て武器を持っていくんですから。非戦闘地域という定義もいい加減で、今のにわか軍隊の自衛隊ですら、行った先が戦場になるというのは当たり前なわけです。それに、自分たちの判断で反撃できないし、あるいは隊長の命令を無視して火器を使用してしまえば、帰国して責任をとらされる。

小林　交戦権はないですからね。

井筒　そうですね。ですから、ちゃんと交戦権を与えて、日本を出るときから交戦できる軍として出してもらえば、海外に行くときははじめから参戦するものという覚悟ができる。今度の法案もそういう形でシンプルに提案されていたら、国民の感じ方も違っていたのではないでしょうか。

それがまったく真逆の形で提示されているので、自衛隊員にとっても、その家族にしても、必ず戦死者が出ることは自明の理で、「犬死」という感じを持たざるを得ない。

先生がいまおっしゃられた依願退職も考えられると思うのですが、防衛省は有事ということで、それを認めないのではないかと。

小林　このままでは、現場がＯＫを出しても、上がもみつぶすでしょうね。

自衛隊の出発式がありますね、場合によっては総理大臣が出席してね。その儀式を当然メディアが放映しますから、そこでテレビカメラの前で堂々と離脱するんですよ。みんなが見ているから撃ち殺されないし、拷問もされません。もちろん、警務隊に連れられてどこかへ押し込められるでしょうけど。

だけどその結果は、普通の司法手続きによる、せいぜい懲戒処分ですよ。刑事事件にはならない。これが一番被害が少ない。本当ですよ。うじうじしながら戦場に行ったら、気がついたらひとり戦場に残されて、最初の戦死者になるかもしれない。怖い世界なんです。ですから、離脱するなら最初の式典の最中にやることです。

井筒 たしかにマスコミに守ってもらうことになるかもしれませんね。

小林 法廷への圧力にもなります。

井筒 私は法律事務所に相談したんです。そのとき弁護士さんがおっしゃたことが、今は平時なので退職したい時期の15日前に口頭でもいいから通告しなさいと。そうすれば翌月の1日に職場にいなくても懲戒処分ということもなく辞められると。

小林 職業選択の自由があるんですから、辞めますと言って辞めればいいんですよ。

井筒 ＰＫＯが成立した１９９２年のころは平時だったので。

小林 ただ先ほども言ったけれど、自衛隊法を読むと、依願退職は許可制です。

井筒 自衛隊法よりも普通法のほうが上位なのではないでしょうか。

小林 そうじゃないんです。普通の労働法より、特別法である自衛隊法のほうが優先されるはずです。

井筒 私はてっきり、労基法のほうが優先されるとばかり思っていました。

小林 そんなことはない。当局が騒ぎにすることを畏れたということでしょう。ぼくは、逆にそこがこちらの付け目だと思う。だから、テレビカメラの前で離脱しろと言っているわけ。別に不法行為を勧めているんじゃありませんよ。人権の行使の仕方を教えているんです。自衛隊が第二警察から軍隊になった場合にも、軍隊を退職するのは自由ですからね。

救急医療システムが貧しい自衛隊

井筒　私の同期にも悩んでいる者がいます。叩き上げなのでこれ以上昇進することはないという身分です。

自分が上官として部下に「行け」と命令を下すときに、演習であれば、たとえ失敗してもあとでビールのロング缶2本もご馳走して「ごめん、今度はちゃんとやる」と謝って済んだものが、今度はそうはいかない。まさに実戦となるので、ロジスティックも本格化するし、何を持って行き、どんな部隊編成にするのかもわからない。私が20年以上も前に悩んだことがそれでした。

撃たれたら一度逃げて、そのあと威嚇射撃をして、それでも攻撃されたらさらに逃げて、そこで最終的に隊長判断だといわれても、とてもじゃないですが威嚇射撃する前に制圧されてしまいます。威嚇射撃するころは隊員はほとんど残っていなくて、自分もこれで最後になってしまうのか。そんなことが頭をよぎるんです。

小林　わかりますよ。映画でもわかるように、軍隊というのは警察と違って、勝つためには何をやってもいいんです。強姦とか略奪はダメですよ、軍法会議にかけられる。

ところが今の自衛隊は第二警察ですから、警察法の制約を受ける。「撃たれたら撃ち返しなさい」となるが、今の兵器では撃たれてからでは撃ち返せない。撃たれそうになったらこちらが先に撃たないとダメ。

今の自衛隊は憲法上、軍隊の根拠がないから、ごまかしごまかし、軍隊の格好をさせて送り出す。無責任極まりないです。

井筒　もう少し具体的なことを言いますと、負傷兵の手当てです。アメリカ軍は簡単な外科手術の技術を身に付けるのですが、自衛隊は止血の包帯を持って行くとか、せいぜい医師や看護師の資格を持つ隊員を数名連れていくだけで、圧倒的に医療スタッフの数が少ないということなんです。

小林　死にに行けというようなものですね。安倍さんのアメリカに対する見栄のために、世界で最高の教育水準と技術を持ち、最先端の装備を持った集団である自衛隊を簡単に犠牲にするとは、かえって国家の恥ですよ。

井筒　ですから、どうしてこんな形で自衛隊を外に出すのかという疑問です。

小林　安倍さんたちは戦争のリアリティがわかっていないもの。

井筒　もっというと、新安保法の下で戦死する自衛官の扱いについて全く議論されていません。

政府は危なくなったら逃げればいいとか、撤退するから大丈夫だという話をしますが、ハリウッドの映画ではないのでそんなふうにはいかなくて、自分たちで重傷者を手当てすることもできない。そして、ドクター資格をもった医官を連れていくということも安倍さんは一言も言っていないです。ですから医療システムがぜんぜん整備されていない。外国の軍隊は装甲野戦救急車を何台も持っています。

小林　アメリカは移動式の緊急外科手術車両を持っていますね。

井筒　政府はオスプレイや水陸両用車を尖閣防衛のために購入していますが、隊員の一命を取り留めるための救急医療の設備が整っているとは言い難いと思います。

小林　おっしゃる通りだね。

井筒　ですから、新安保法案は本当に世界平和のためなのか。公明党の北川さんは、自衛隊のあらゆるリスクを少なくすると言っていますが、とてもそうは思えません。自衛隊員は将棋の駒であり、敵前逃亡などしようものなら、それこそ安保条約の崩壊につながります。

小林　日本人の性質として、敵前逃亡はありえないとぼくは思う。逃げられなくて殲滅される。それが現実じゃないかな。

　安倍さんたちは戦争ごっこの世界なんですよ。たとえば、邦人救出のために自衛隊を派遣すると言いますね。言葉も風土もわからないところに自衛隊が行ったら、法人救出どころか、自衛隊員が皆殺しにされる。これは本当に戦争ごっこです。恐ろしい！

井筒　私は邦人救出ではなく、人質になるために行くようなものだと思っています。たぶん、武器を使えない自衛隊ということが世界中に流され、捕虜にされて身代金を要求される。あるいは、自衛隊の武器補充のための理由に利用される。ロクなことはありません。

小林　そのとおりだね。

戦死者は靖国神社に祀るのか

井筒　それと戦死した場合ですが、武道館で国葬をやり、靖国神社に英霊として祀られるというところに帰結するのであれば、そこもきちんと議論していただきたいと思うんです。

小林　隊友会がかってに靖国神社か護国神社に合祀してしまう。これは法律論でいくと、死んだご本人の信教の自由と遺族の信教の自由と、それから友人・同僚の信教の自由とがあるんです。いちばんいいのは、ご本人が信教についての遺言を遺すことです。遺言で「私を靖国に祀らないでくれ」と言っておけば効き目はあると思います。それは公正証書でなくとも、はがき一枚でいい。数人の友人や知人宛てに出しておけばいいんです。

過去の事例で、エホバの証人の信者だから靖国には祀らないでくれと妻が申立てしたケースがあります。でも隊友会の友人が祀ってしまった。これは互いに信教の自由があるので、「あなたはそれを追悼しなくていい」ということになってしまうんです。だから念のため、友人、知人、父母、妻に、はがきを出しておく。

井筒　それでも同僚たちは合祀するかもしれない。それは彼らの信教の自由だということで。

アメリカのアーリントン墓地のように、中国人でも韓国人でも、どなたが来られてもちゃんと手を合わせることができるような施設というのは、今の安倍さんの考えにはないのでしょうか？

小林　靖国神社というのは、明治憲法下の天皇の兵隊を神として祀る社なんです。戦争に負けてそれが否定されたにも拘わらず、それが日本の伝統だと安倍さんたちは言っているわけでしょう。戦に負けることによって、なおかつ日本国憲法によって否定された英霊信仰そのものが憲法違反です。

だからどんな信教の人でも入れる無宗派の施設があっていいですね。千鳥ヶ淵霊園は無名戦士の墓ですから、名のある人は入れない。

井筒　私がいたレンジャー部隊では、戦死が前提なんですね。ですから、レンジャーの素養試験に受かって教育が始まる前に必ず遺書を書くんです。それが、こんどの法案が通るのであれば、レンジャーに限らず全隊員が遺書と遺言書を遺すべきだと思うんです。

小林　いいね。あらかじめ書式をつくっておいてね、記入するだけ。

井筒　レンジャー過程の教育を受けに行くときに。部隊全員が寄せ書きを旗に書いてくれました（本書の井筒高雄「体験的反安倍法制論」扉の写真参照）。１９８０年代から90年代にかけて各部隊の選りすぐりの人間だけが試験に合格して3カ月間教育されたのです。

小林　アメリカのゴリラ部隊ですね。沖縄で彼らの部隊のなかへ視察に入ったことがありますが、恐ろしかった（笑）。

井筒　世界最強の部隊ですからね。

レンジャーの教育課程を終えて原隊に復帰するとき、最後にヘリコプターからロープを50メートルほど垂らして降り立ち、そこに駐屯地の全隊員が出迎える。そこで連隊長にバッジをつけてもらって正式にレンジャー隊員となる。晴れがましい舞台です。

生きて帰って来られれば、こういう思い出話で済むのですが、死んで帰ってきたときにはこの寄せ書きの旗が棺桶の上にかぶせられるわけです。幸いにして私はなんとか生きて帰って来られてよかったのですが、これからは恒久法でいつでも海外へということになると、死んだときに自分はこうしてほしいと遺言なりなんなりに書くことを明確に自衛隊法に記すのか、それとも先生のおっしゃるような書式を作るのか。私は先ほども言いましたが自衛隊法より、労基法などの一般法のほうが上位だと思っていましたもので。

小林　労働法学会にもいろいろな議論があって、労別法がすべてに優先するという意見もあります。だけど、法の一般原則から言えば、自衛隊法という特別法が優先するのは当たり前なんです。

井筒　私が年末に除隊の意思を示し始めて、辞めさせてくれないなら法廷闘争に行きますみたいなことを言いましたら、「わかった。やめてもいい。だけど年度末まではいてくれ」ということと「週末は必ず当直勤務に就け」と言われて土日祝日は外出できなくなりました。

小林　イジメだね。

井筒　警衛勤務といって、24時間勤務して8時間後、また24時間勤務ということもやらされました。レンジャーの訓練を受けていてよかったと思いました（笑）。ＰＫＯ法案が通ったときにそういう行動をとったのは第1師団ではたぶん私だけだったと思います。

小林　暴走族が自衛隊でも行ってみるかと入隊して、すぐへばって逃げ出しても追及されない組織ですから、政治性のない脱走兵はみんなＯＫだったはずですよ。記録にも残さない。

政治性のあるものについては、大騒ぎにしないために、静かに出て行ってもらおうと。

これからは、そういう事例がたくさん出てくるから大変です。もう隠せないですね。ですから、第二警察である自衛隊を軍隊として出すという制度は土台無理がありますよ。だから繰り返すけど、衆人環視の出発式のときに離脱しなさいと言っている。それがいちばん安全。

安倍政権は〝バカの壁〟

井筒　6月4日の憲法調査会で小林先生を含む3人の憲法学者が「違憲である」と言明されたことで、新安保法制の議論が大きく動いたと思っていますが、それでも、廃案とか、出し直すというまでには至っていません。

小林　彼らはそんなに甘くないですよ。

あの瞬間、ぼくたちは自民党をあまりにも狼狽させてしまったわけです。そして自民党に黙らされていた一部マスコミが生き返ったんです。その自民党の狼狽で、「重要影響事態」とか「存立危機事態」とかいうわけのわからない言葉が出るとチャンネルを変えるような無関心派の国民が気づいてしまった。「ああ、自民党はなんかやましいことをやっているんだな」と。これは大きな変化です。反対派がどんどん増えています。

ところがむこうは、覚悟の上でアメリカに自衛隊を差し出すと決めているわけですから、白分の地位を維持するためにもこのまま突き進むしかない。

ぼくも彼らとさまざま議論をしてきましたし、野党の質問をはぐらかしたり、無視したりするのをテレビで見て、最初は苛立っていたんですが、あるとき「あ、この人たちはまともに答える中身を持っていないんだ」と気づいたんです。まともに答えたら、やましいことがばれる。だから覚悟を決めて〝バカの壁〟を決め込んでいるんだと。

井筒　〝バカの壁〟ですか（笑）。

小林　そう、〝バカの壁〟。

だったら、こちらにもやりようがある。野党の皆さんにも言うんですが、〝バカの壁〟がここにありますということを主権者に知らしめるパフォーマンスを徹底してやり続ける。「こちらも退屈なんですが、納得のいく答えをいただいていないんで、同じ質問をまたいたします」と。

国民はそれを見ていますからね。前々回の総選挙では失望した民主党政権に対する怒りから来る敵意があったけれど、今は暴走する安倍さんに対する怒りで敵意が生まれています。ですから次の選挙では、民主党、維新の党がつまずかなければ維新の党、そして共産党、かろうじて固定客がいる生活の党と社民党、みんな伸びますよ。そういう意味で地殻が変動しています。敵は覚悟を決めた悪党たちなんだから、「わかりました。ごめんなさい」と撤回するわけがない。

井筒 覚悟を決めた悪党たちなんですね。撤回なんて考えられない。

小林 だけど、撤回も選択肢の中に入ってきているかもしれません。衆議院は安倍独裁で、彼は変な使命感を持って突っ走っている。まわりにいるのは茶坊主どもで、安倍さんのご機嫌をとって出世しようという者ばかりで、法案を修正しようという人はいません。だから裸の王様とまわりの側用人たちはひたすら突き進む。衆議院は強行採決しました。

だけどこれから世論調査の数字がどんどん悪くなってくると、参議院では自民党も抵抗するかもしれませんよ。これも、6月4日の憲法学者の「安保法制は違憲」という発言がなければ起きなかったことです。

昨今は、タクシーの運転手さんや、寿司屋の客がぼくを認めて「先生、ありがとう。頑張ってください！」「握手してください」なんて嬉しそうに声をかけてくるようになりました。こちらも嬉しくなりますね、酔いは冷めるけど（笑）。

井筒　安倍さんが勝手にアメリカで空手形を切ってきたのも私には自爆としか見えないんですが、なぜ自分の首を賭けてまで法案を押しとおそうとしているのか、理解できません。

小林　これはシミュレーションだけど、衆議院を強行突破して、参議院では強行するかどうかはまだわからないけれど、来年の参議院選挙では自民党は絶対後退しますよ。今の安倍さんは参議院選でも勝利して、そのあと憲法改正に突き進むとラッパを鳴らしているけど、それがピタッと止まります。それは憲法改正を使命とする彼にとっては大きなダメージになります。

　そこで心が傷つくと身体にも大きな変調が現れます。心と身体は連動していますから。彼はいま、心をハイにして身体を維持しているのではないですか。参議院選挙でつまずいて自民党は坂を下っていくと私は思います。

自民党の劣化は世襲議員の存在による

井筒　安倍さんにかぎらず、高村正彦副総裁もそうだと思うのですが、要するに自分たちに都合のいいときだけ学者を持ち上げ、そうでない場合は憲法学者を政治家より低くみて、さながら「曲学阿世の徒」と思っている節があります。これについてはどう思われますか。

小林　私は30年以上自民党と付き合ってきたけれど、高村さんも公明党の北側一雄さんもそうだけど、安倍さんも含めて、今の自民党の過半数が世襲議員なんです。彼らは育ちが違うんです。ぼくらは子供のころ、車で学校に通うことなんてなかった。でも彼らは、それができたんです。元大名屋敷みたいな立派な邸宅に住んで、地元の秘書と母親がいる。代議士は東京で仕事をやっていて留守。そうすると地元では車が空いていて、地元秘書が代議士の子供を車に乗せて学校まで送っていく。誘拐されたら困るから、いつもお付きの者をつける。町の駐在さんもお愛想を使う。まわりに追従を使う者がいつもぶら下がっている。そんなふうに育てられたら子供はスポイルされますよ。甘やかされてダメになる。

そうした世襲議員の大半は、議論の中で、自分と異なる意見でも、いったんそれを受け止める度量とちゃんと反論する能力がない。ただ、けしからん、と怒る。だから私と意見が合うと「さすがは大学教授ですね」「さすがハーバード大帰り」なんて褒める。だけど、ひとたび異論を言おうものなら、「あんたはわかってない。政治は現実だよ」なんてこちらをけなす。私も長いこと付き合ってきて、いったいこの人たちの本質はなんなんだろうと考えるようになった。世襲議員はアブナイなって。するべき苦労をしていない。

井筒　はは～。そんなものなんですか。

小林　私は長いこと自民党と付き合ってきて、ある意味、いい経験をしたと思っています。彼らはやはり世襲貴族の発想なんです。自分の役に立つときは相手を褒めるけど、そうでないと「バカヤロー」となる。もちろん、こっちだって負けていませんよ。こうやって仕返ししているんだから（笑）。

問題なのは、世襲議員のほかにも、ゴマを擦って世襲議員の仲間にしてもらおうとする下々の議員もいること。そうやって劣化した塊りをつくっている。学者の世界にもそういう人はいます。

初代の議員は本当に勉強していましたよ。だけど、三代目ぐらいになるともう勉強しない。勉強をしてもしなくても肩書は変わらないから。だからどの憲法学者の言っていることが正しいかなんてわからない。学者なんて、とはじめから見下しているんです。

井筒　とてもわかりやすいご説明です。（笑）そのことも、もっともっと発言していただくし、国民により理解が広まると思います。

世論の力で安倍政権を撃つ

井筒　それにしても、なぜ安倍さんは安保法制を大急ぎに急ぐのでしょうか。祖父である岸信介への心情という背景は本当にあるのでしょうか。

小林　岸さんへの思いというのはあると思いますよ。この前の戦争では日本は愚かな戦いをして負けました。明治憲法下で大日本帝国が戦争をしたときの制服組の戦争責任者が東条英機で、背広組の実質的な政策責任者が岸信介でした。岸は明治憲法下のスーパー・エリートです。その彼がきちんと緻密な計算をしたのに惨めに敗北したわけです。

岸は終戦直前に東条と決裂して一線から退き、戦後生き延びる手当をしているんですね。A級戦犯容疑で巣鴨プリズンに投獄されるも、お咎めなしに出獄して後に総理になった。どう見てもアメリカに魂を売って、傀儡政権の総理になったのです。だからこそ、アメリカの本当の怖さを知っている。同時に総理を辞めた後、思いつめたようにひたすら自主憲法の制定をめざすわけです。傷ついたプライドや、民族を裏切った心の痛みを回復しようとしたのです。

そのよじれた祖父の心情を安倍首相は背負っているのだろうと思います。彼の心情を端的に言うと、戦争に負けたことを打ち消して、明治憲法下にもどろうという発想です。明治憲法はいい憲法だった。

押し付けられた昭和憲法は無効であり、日本民族が自らつくらなければならない。それが安倍さんの発想でしょう。安倍さんは、自主憲法制定を主張する団体の創始者の孫なんです。

井筒 「自主憲法制定国民会議」ですね。

小林 安倍さんは第一次政権を無様に投げ出して、奇跡的に二度目の総理に返り咲いたとき、自分は天に選ばれたんだと思ったんじゃないですか。

こうなったら、祖父と自分の屈辱を晴らすために、あの負けたくやしい戦争はなかったことにして、戦前の世界の五大軍事国家のひとつにまた加わりたい、昔の栄光ある日本にもどりたいと。だけどもはや、アメリカは強大すぎて歯が立たない。そういう複雑な矛盾のなかで悩み、「そうだ、アメリカの二軍として世界に貢献することで、ナンバーワンにはなれないまでも、少なくとも二軍として大国感を味わいたい」、そういうことなのでしょう。そう考えると、ぼくは納得するんですよ（笑）。

けれど、敗戦から今日までずっと積み重ねてきた平和の歴史を個人の心情から無視するとは、実にけしからん話です。真の〝バカの壁〟ですよ。

井筒 愕然とするようなお話です。ぜひこの本を自衛隊員にも読んでもらいたいと思います。そして、出発儀式の最中に堂々と離脱してもらいたい（笑）。最後に、世論ではこれだけ「反対」が多いのに、国会では野党は安倍政権を攻めあぐねています。安保法制を廃案にしていくために、どうしたらいいでしょうか。

小林 結論として、民主党、共産党、維新の党、社民党、生活の党、いずれの幹部にも会うと必ず言うのですが、「めげずに〝バカの壁〟の前のパフォーマンスをしてください」と。要はいま、敵も味方も本当のことに気づいて陣地を決めて戦っているわけです。ですから政治家の間ではなんの変化も生まれないでしょう。あとは世論の力が安倍さんの胸にじわじわ突き刺さっていくことを期するしかありません。あるいは、官房長官の野心を撃つ。世論を動かすことが全てです。仮に国会が変わらなくても、来年の参議院選挙でそれがはっきりします。

だから世論喚起に的を絞って、〝バカの壁〟の前に明確に論点を指摘して、無視されたりはぐらかされたりするパフォーマンスを続けなさい、ということです。

井筒　ありがとうございました。なんか目の前の霧が晴れてきたように感じます。これからも、自衛隊の仲間たちと家族を、そして国民を守るために闘います。

〈安保法制と防衛・安全保障〉

政治家に命を賭ける覚悟はあるのか

柳澤協二

（元内閣官房副長官補、安全保障・危機管理担当）

やなぎさわ きょうじ

1970年東京大学法学部卒。防衛庁に入庁し運用局長、防衛研究所長などをへて、2004年から2009年まで、安全保障・危機管理担当の内閣官房副長官補として自民党内閣の4人の首相（小泉純一郎、安倍晋三、福田康夫、麻生太郎の各氏）を支える。2009年防衛省退職後、国際地政学研究所理事長、新外交イニシアティヴ理事、「自衛隊を活かす－21世紀の憲法と防衛を考える会」代表を務める。

●聞き役●井筒高雄

自民党政権に「バランス感覚」があった時代

井筒　柳澤先生は防衛官僚として長いことお務めになられました。まずお聞きしたいのは、自衛隊の管理運用を、憲法9条の下でどのように確立されようとしたのかということです。安倍総理は9条を思い切り飛び越える形でしゃにむに安保法制を通そうとしていますが、先生が在籍されたイラク派兵時までさかのぼって、めざされた防衛政策と自衛隊の管理運用についてお話しいただければと思います。

柳澤　官邸にいた5年半も含め、39年間、防衛官僚を務めました。当時は先輩官僚も、自民党の政治家で長官や大臣になられた方も、憲法9条をどうにかしようという感覚はたぶんどなたももっていなかったと思います。9条の存在はもう当り前のこととして受け止めていたということですね。

東西冷戦の時代、特に1980年代ぐらいまでは、どうやって自衛隊の防衛力整備をやっていくかが一番大きな目標でしたから、政治的な波風はなるべく避けようと。それでなくても毎年、防衛予算をめぐって国会審議が何日か止まる。そんな重大テーマになっていたわけですからね。

われわれとしては、とにかく今は多くを望んでもしょうがない。ともかく予算をちゃんととって形のいい防衛力をつくるというのが、みんなが共有する目標だったように思います。

それが多少変わってきたのが中曽根康弘総理の時代だったと思います。ソ連のアフガニスタン侵攻から米ソ対立が激しくなってくる時代です。中曽根さんが「日本列島を不沈空母にする」と発言して、西側の一員としてのスタンスをはっきりさせると国内外に表明しました。実は「日米同盟」という言葉がはじめて使われたのは、中曽根さんの前の鈴木善幸総理のときでしたが、中曽根さんのとき、アメリカとの同盟関係の中で日本の安全を確保するという発想が非常に明確に出されたと思います。

しかしその中曽根総理さえも、「集団的自衛権は使わない。それをやるなら憲法を改正しなければだめだ」という立場をはっきりとっていました。中曽根さんは防衛力を拡大するかたわらアジア外交も熱心にやられました。

私が見ていた自民党政権というのは、時代時代のバランスを考慮した政策をとり、そして憲法にチャレンジするという露骨な目標は掲げないという抑制がありました。

そうした状況が変わってきたのは、冷戦が終わり、国際任務が出てくるようになって、それをどう受け止めたらいいのか模索し始めたころで、今、振り返ってみても非常に混乱があったように思います。その中で、こんどの安保法制にも絡むような「非戦闘地域での後方支援」とか「他国の武力行使との一体化はしない」という考え方が整理されて、それを下敷きにして最後はイラクの派遣まで進んでいったという流れだったと思います。

私の発想として、これはおそらく戦後の日本人の発想としてと言うほうがいいのかもしれませんが、やはり四方に目配りをしたバランスのとれた政策が一番だという感覚があったように思います。

ですから私には、安倍政権の安保法制については生理的に受け付けないものがたぶんあると自分で思うんですね。それは、いったいなんだと考えると、やはり、四方に目配りをしたバランス感覚がまったくないということと、これまでの自民党政権とはまったく異質なやり方で法案を出してきたことです。

戦後に社会人として教育を受けて育ってきたわれわれのセンスとも明らかに違っています。

井筒　戦後の団塊の世代である柳澤さんの個人的な感覚、世代的体験というお話だと思いますが、ただそれが、防衛省の中でも上級公務員試験を通ってきた人たちの全体的なご意見なのか、中にはイラクのときにはガンガン行けという意見の方もおられたのではないでしょうか。

柳澤　そういう右翼チックな人は採用されなかったんですよ。そんなことで世間から批判されるとかえって組織のためにならないという発想ですね。

井筒　田母神俊雄さんみたいな極端な人は少数派でしょうか、彼は防衛大出身ですが。

柳澤　少数派というより、事前にわかっていれば採用されなかった時代ですよね。その後も採用の段階ではそうでした。

井筒　むしろそういうことについては慎重な省庁の一つだったと。

柳澤　そうですね。

井筒　経産省や農水省などには、結構イケイケ派もいるようですが。

柳澤　出向で防衛庁の課長や部長に来ていた通産官僚もいましたが、彼らの発想に接して一番ショックを受けたのはそこですね。

井筒　同じ戦後生まれでも。

柳澤　偉くなるにつれて、課長や部長のレベルで付き合うようになるわけですが、この人たちの発想って私らと全然違うなあと。ある意味、私らのほうが保守的といえば保守的。

井筒　抑制的なんですね。

柳澤　そう。非常に抑制的であり、新しい言葉と新しい形でやるのが手柄ではなくて、いかに世間に受け入れられるかという形で、むしろ静かにやることのほうが重要な要素なので。

井筒　大変失礼な言い方をしますと、柳澤先生はどうも防衛官僚のわりに左がかっていると巷間言われたりしていますが。

柳澤　今、退職している世代の人たちと、この歳ですからけっこう病院でお会いすることもあるんですが、私に賛同する人もずいぶんとおりまして、「陰で応援している」とおっしゃるので、「陰じゃなくて表に出てきてよ」と言っています。

私は役所でも主流のど真ん中を歩いてきて、そこそこ出世もさせていただきました。私が仕えた自民党の山崎拓さん、この前、安倍さんを批判する記者会見をしていましたが、要するにああいう発想で私らはやってきたんです。私に言わせれば、こっちは全然動いてないつもりなのに周りがみんな右に行っちゃうから残った私が左に見える。そういう現象が起きているんじゃないかと思います。

井筒　少し右翼チックな人たちが防衛庁に採用されないというのは意外でした。私も入隊する前は警察が家の近所に聞き込みにきて、どんな家族構成なのか、係累に犯罪者がいないかなどと聞いていたようです。

柳澤　やはり左だけじゃなくて右の方もチェックしていたと思いますよ。

民主党政権の罪

井筒　今の安倍政権になって、まったく自衛隊の実情もなにもわかってないでイケイケドンドンの政策を打ちあげて、まともに答弁もしないという状況の中で、防衛官僚の皆さんや柳澤先生のような

ＯＢの方がもっと声をあげていただくと、いかに今の法案が現実にそぐわないかが、国民の皆さんによりわかりやすく伝わるのではないかと思います。

私自身は、安倍さんの前の民主党政権のときの防衛政策、自衛隊の運用に関する対応が大きな分岐点になったのではないかと思っています。尖閣諸島を東京都で買うと言った石原慎太郎東京都知事も絡んでくる話ですが、そこはいかがでしょうか。

柳澤　そういう意味では民主党の罪は重いと思いますよ。ちょうど私が退職した直後の総選挙で政権交代がありました。私は正直ラッキーだと思いましたよ。民主党政権になっても官邸で働かされたんじゃあ、かなわんと思っていましたから（笑）。

鳩山由紀夫さんという人おもしろい人だなとは思っていたんです、自民党時代からね。接点はありませんでしたが。彼が普天間基地の移設先について「最低でも県外」と言ったとき、民主党政権の中に昔から付き合っている人がいて、これはどうしたものかと私の意見を聞きに来る人が結構いましたよ。

私は「とにかくやがて収まります。収まらざるをえない。政権をとった民主党として今までの流れをもう一回検証し直す作業をして、それで変えるなら変える、維持するなら維持する、ということにしたら」という話はしていたんです。

当時私は、どちらかというと、ようやく日米合意までこぎつけたことだから、辺野古移設しかないだろうなと思っていました。しかし鳩山さんが12月になって急に抑止力の話を言い出したわけですね。抑止力とはなにか。実はこのとき、退職して初めて本格的にそのことを考え出したのです。

もう一つ考えていたのは、官邸にいてずっとかかわってきたイラク問題、イラク戦争からイラク派遣までのレビューを自分なりにやらなければいけないという問題意識もありました。

しかし鳩山政権がそんな状況でしたからそのキーワードである「抑止力」についての勉強もしなければいけないし、発信もしなければいけないということになってしまったんです。

井筒 先生も鳩山さんに振り回されたんですね。

柳澤 小泉純一郎元総理は「変人・凡人・軍人」のうちの「変人」と言われていた人ですね。役人は誰も「郵政民営化」ができるなんて思っていませんでした。だけど総理がブレずにこだわったから、それができたんですね。

こんどは、相手にアメリカがある話だから簡単にはいかないとは思いましたが、しかし鳩山さんだって「宇宙人」と言われていたんです。宇宙人の言うことを議論したってしょうがない。むしろ総理大臣がどこまで頑張るかという問題なんです。なのに鳩山さんは、そこがあの人の良い所か悪い所かは別として、ブレちゃったわけですね。ブレるというのが一番よくないですね。

その後、菅直人さんの政権になって、菅さんは私と高校卒業が同期なんですね。直接のお付き合いはなかったんですけれども。

井筒 そうなんですか。

柳澤 私は、3・11に直面したときの彼の対応は必ずしも評価していません。一生懸命にやったとは思いますが。菅政権はほとんどそれにエネルギーを費やしてしまった。ようやく野田佳彦政権になって日米同盟基軸、TPP推進、消費税増税という路線に収まってきたわけです。

だけどそれは、自民党と同じ政策なんですね。結局自民党と同じ基本政策を打ち出して、そして2012年12月の総選挙になるわけです。だとすると、同じ方向性なら、どちらを選択するか。昔うまくやっていた人たちと、今へたくそにやっている人たちと、どっちを選ぶかという話になるわけです。民主党が負けるに決まっている（笑）。

井筒　政権担当の歴史が違いすぎると。

柳澤　あの選挙の非常に大きな要素になったのが、尖閣国有化をめぐる外交上の失点ですね。

話が前後しますが、2004年の4月に私が官邸に入って最初にやった会議の議題が「尖閣」でした。その直前に中国の活動家が尖閣に上陸して神社を壊すという事件があって、沖縄県警が器物損壊で逮捕した。それを官邸の判断で送り返した事件です。その会議では、刑法上の犯罪があれば逮捕すると、なければ入管法違反で送り返すみたいな議論をしたと記憶しています。

そのときに日本青年社が自分で灯台を建てていて、その電池交換で毎年上陸すると言ってきてたので、むしろ国が借地権をもって、海上保安庁が法律上の灯台に位置づけてあの島を全部管理するということになったわけです。

そのうちこんどは地権者が売りたがっているという話があって、東京都が買おうと石原さんが言い始めた。そこで現状を変えないための国の管理という文脈で国営化が出てきたはずなんです。それならそれで、大きく変えられるよりは変えない方がいいので、国有化はしょうがないだろうという評価はしていました。

私はこれは本来外務省の判断ミスだったと思うんですが、それに乗った官邸もまた判断ミスをやり、中国の出方を見誤った。どう根回しをしていたか知りませんが、私はあの年の8月の末に北京で会議に出ていたんです。そのときに当然その話も話題になっていて、「いや国有化といっても、沖縄県の不動産台帳の所有者の名前が書き変わるだけで、何も現状変更にあたらないよ」という話を中国側にはしたんです。わかってくれた感じだったんですがねえ。問題なのは、ウラジオストックで、中国の胡錦濤が面と向かって野田総理にやめろといったその直後に閣議決定をしちゃったことですね。いろんな事情があったとは思いますが、やはり、いかにも知恵がないということですよね。

それで2012年の総選挙で安倍さんは「尖閣に公務員を常駐させる」という公約を掲げたのですが、それは実現していませんね。

この事件は、中国につけいる隙を与えてしまったということで、民主党が頼りにならない一つの象徴のようになってしまったんですね。

それがベースになって今の安保問題につながっていくわけですから。安倍さんが一番やりたかったことに、格好の機会を与えた選挙になってしまったと思います。

井筒　今から振り返ると、そのへんに問題の淵源があるし、あそこでちゃんと抑制的に処理していれば、今の安保法案を持ち出すような環境はなかなかつくれなかったということですね。

柳澤　やはり野田政権の判断ミスだと思うんですねえ。中国共産党のメンツが立つかどうかという問題なんで。実態が変わるのか変わらないのかは中国もよくわかっていますよ。本当に気を使うべきところで使えていなかったということですね。

民主党政権というのは結局、鳩山さんのブレまくりと3・11と尖閣の件で、結局、国民の期待を大きく裏切ってしまったのです。

井筒　自衛隊の演習では、確実に成功するパターンとボチボチのパターンと最悪のパターンと三つのケースを常に念頭においています。ここは一度展開を変えたほうがいいと小隊長が判断をする。そういう訓練をやっております。

民主党はたまたま政権をとる前にイギリスの真似をしようとしましたが、政権をとったときに当然霞ヶ関との付き合いが出てくるわけで、それ以前の時代に官僚の皆さんとお付き合いをするということはなかったのでしょうか。

柳澤　実は微妙に政治そのものがポピュリズムになっていたんですね。全体としてのバランス、四方に目配りをするという発想は、ある意味、国民からはわかりにくいかもしれないし、地味なやり方です。でも、それがかつての自民党の姿だったんです。

それを壊しちゃったのが小泉総理ですよ。自民党を壊すといって、実際に壊したのは派閥でした。自民党にはいろんな派閥があって、派閥の間で権力を移行させながら、それぞれの派閥が国民のニーズを幅広く吸い上げる。派閥とはそういう政治的な装置でもあったわけです。

それが、小泉さんが仕掛けた郵政選挙で、反対した者はみな除名されるような形で、派閥が実質的に壊されてしまったんです。

ポピュリズムというのは何かというと、わかりやすい敵を目の前につくり、自分が正義のヒーローになって拍手喝さいをあびるという手法。小泉さんの敵は、自民党の守旧派だったわけです。

民主党政権の場合は、自民党につながる官僚機構をわかりやすい敵にした「官僚バッシング」ですね。もともと、官僚バッシングで政権についたようなところがありますから。

しかし、選挙のためのプロパガンダと実際の政治は使いわけないといけないわけです。しかも、民主党そのものが、バランスをどうとるかという発想で自然発生的にまとまった党ではありませんね。もちろんいろんな色合いの違うグループが中にいることはかまわないのですが、まとまるべき一点と、それを党内でどのように集約していくかというバランスのとり方についての制度化がうまくできないまま政権についてしまったというところがあると思います。

選挙で国民の人気を得た理由が「官僚叩き」だったというところに、民主党の本質的な問題があったと思います。

安倍首相の個人的な思い

井筒　これまでわれわれは、専守防衛を前提として訓練をうけてきましたし、もともと海外で軍事展開をするという前提で「服務の宣誓」をしているわけではありません。ところが現状は、大きく安保法制との乖離が自衛隊としても出てしまっていると思うんですね。

安倍政権の防衛政策の根本はどうして変わってしまったのか。歴代の内閣が70年間積み上げてきた解釈はどうなったのか。少なくとも去年の平成25年度の「防衛白書」までは、9条があるから集団的自衛権は行使できないと書かれていました。

私は「防衛白書」を毎年買っていますが、そこの記述はずっと変わらなかったものが、昨年8月の

26年度版から、9条があっても、国連でも認められている集団的自衛権の行使はできると書き換えられたんです。

先ほど自民党の中でも異質だとおっしゃいましたが、単に安倍総理の個性ということなのか、それとも外務省なり防衛省の意図があるのか、どちらに主導権があるのか、そのへんのことはどうお考えでしょう。

柳澤　誰々が仕組んだとかいろんな説がありますが、そこは自分で実証できるわけではありませんから、ひとまずおいておくとして、やはり客観的な要因と主体的要因があると思います。

主体的な要因のほうを先にいえば、やはりそれは安倍さんの思いというものがあって、私が仕えた第一次安倍政権の後半、２００７年に第一次安保法制懇、当時は第一次とは言いませんでしたが、それをやったわけですね。

当時は、北朝鮮からアメリカに飛んでいくミサイルの話とか、インド洋の給油活動を念頭に入れて並走している米艦が攻撃を受けたらどうする、というような議論をしました。今回も同じようなことが事例の中で言われているのがおもしろいなと思うんですが。

当時、中国脅威論は出ていません。むしろ当時は、アメリカがイラクやアフガニスタンで難渋していた時代です。ところがこんど、安倍さんが政権に就いたときから言っているのは中国脅威論ですよね。さすがに国会で公式には言わないものの、それを念頭にした集団的自衛権の話になっています。

確かに国際情勢はどんどん変わりますが、やはり基本に貫かれているのは安倍さん個人の思いでしょう。２０１４年、安倍さんが自民党総裁選に出るときに、「自分はやり残したことがある」と言っていたわけですが、それがまさに安保法制だったと思うんですね。

そこで、安倍さんというリーダーの持つ要因がそのまま受け入れられるにはやはり客観的な背景が一つあるんですね。それは何かというと、そこが民主党政権の評価とも関連してくるのですが、日本はずっと経済の停滞にあえいできて気がついたらＧＤＰも中国に追い抜かれてしまった。経済大国の地位を中国に奪われてしまったというトラウマが、日本の政策を決めるサークルの中に共有された一つの時代精神として出て来ていたのです。

そういう背景があって安倍さんの主張が、国民は別にして、政治的な面では広く受け入れられ、彼のまわりにいろいろ吹き込む連中や、賛同する人たちが集まるような形で今日の姿ができていると思います。

なぜイラク派遣の検証をしなかったのか

井筒　安倍さんの時代になって、ろくすっぽ国会審議をしないまま昨年7月の閣議決定があり、ほとんどが自公の協議だけでここまでやられてしまうと、やはり立憲主義や民主主義ってなんなのと、私自身は憤りを感じてしまいます。
私が一番心配するのは、自衛隊員が死んだらどうなるのかということです。運用面のリスクが下がると言われれば表向きはいいように思えますが、その裏に現実にどんなリスクがあるのかが問題なのです。スムーズに自衛隊の部隊が動けないほどのリスクがあることを、彼らは想像さえできないのではないかと危惧するんです。

法律さえつくってしまえば、それに従って仕組みを変え、運用方法を変えていくだけだという程度の認識なんでしょうか。

柳澤　国の基本的政策の大転換であるにもかかわらず、安倍政権が強引にこれを進めてきている事態に直面して、私も実は立憲主義という言葉を久しぶりに思い出しているんです。大学でもそんなことが試験に出たかどうか覚えてませんが、そういう人は多いんじゃないでしょうか。

それで今、大きな反発の声が出ていることを思うと、あらためて「目配りとバランス」という観点が大事だったと思っているんです。私が一番それを心配し出したのは、遅いといえば遅いんだけど、イラク戦争なんですね。

自衛隊がイラクに行っているときに毎日官邸の事務副長官室で会議をやっていました。それは自衛隊の安全にかかわる会議で、正直なところ、1人2人は死ぬかもしれない状況だったと思います。宿営地にロケット弾が着弾しているわけですから。だからそのとき私が派遣軍長に申し上げたのは、「何もしなくていい、一番大事な仕事は全員を無事に連れ帰ることだ」ということでした。

自分の思いもさることながら、それは政権のためにも、政権維持のためにも絶対必要な条件だと私は思っていたんです。

その後安倍政権になると、実は官邸でもハイレベルの毎日の会議というのはなくなりました。政権幹部は「もう終わったんでしょう、イラクは」という感覚でしたから。

航空自衛隊も結構危ない状態で飛んでいたし、第一、大使館がすごく危険な状態にあったわけです。だから私は、私のところでずっと会議を続けました。だから、そういう心配をしない人たちなんだなという感じはありましたね。感覚にズレがありました。

井筒　自衛隊はすごく頑張ったと思います、たまたま死者が出なかっただけで、帰国してから自殺者が出ています。それで、あれだけ安全なんだから、これからも大丈夫みたいな理由づけにつかわれるのは違和感を覚えます。

柳澤　そこが一番大事なことなんです。そこに大変な問題をはらんでいたのに、検証されていない。あのときイラクの検証をやろうとなったときに、某新聞の幹部記者が、「それはうちの社はやらない。なぜなら一人も死んでいないから」と言ったんです。ああ、そういう発想なのかと。まさに、一人も死ななかったゆえに検証の必要性を誰も言わなかったということですね。だけどそれは違う。死なないために検証をするんで、死んでから検証をしたのでは遅い。

井筒　そういうお話を聞くと、本当に自衛隊員は困るんです。腹が立ちますね。

柳澤　忸怩たる思いがあるのは、結局その検証ができなかったことです。それ以上、突っ込めなかった。でも振り返ってみると、そこは東京新聞で防衛省クラブの半田滋さんが言及していますが、やはりこちらが武器を使わなかったから現地でも敵対されずに結果として誰も死ななかったというラッキーな要素があったと。それは、きちんと検証すればわかることです。

ですから、こんど派兵をやれば、絶対に死ぬだろうと思うわけです。

国民と自衛隊員のリスクはむしろ高まる

井筒　こんどは、停戦合意後のＰＫＯ活動などという生易しい話とはまったく違います。

日本の国民も政治も自衛隊も重大な覚悟をせまられるという問題です。海外で自衛隊が武器をもって活動をするという、そもそもそういう認識で「服務の宣誓」をしていません。それに、1980年代から90年代の自衛隊の主たる任務は防衛出動と災害派遣でした。私が依願退職をする92年にPKO法案ができましたが、私はレンジャー隊員でしたから、敵が撃って来ないと撃てないとなったら、それは死ねといわれているように感じました。現場としての感覚です。そうであるならば、たとえば国際緊急援助隊に限定したらどうかと。

柳澤　非武装任務ですね。

井筒　そうですね。例えばPKOでも参加の五原則というのがあり、テロや戦争とは一線を画すとなっています。こんどもただ廃案というのではなく、対案を今の政治は示すべきだと思いますし、あるいは安倍さんのような人がほんとうに「戦争」をできるようにしたいというのであれば、憲法改正から入るべきです。国民の真意を国民投票で問うという形にしないと、われわれは死んでも死にきれません。

92年の退職時には、これで自分の命が終わるのかと思うと、とてもじゃないが自衛隊に留まれないと思いました。今の安倍さんや中谷元大臣も陸自の幹部自衛官をされていた方なのに、ああいう実態とかけ離れた答弁をされてしまうと、隊員の士気は下がっても上がることはないと思います。

柳澤　あなたの退職の決意は、たぶんこんなことでは恐いから嫌だということではなくて、大義がないことに対して尻をまくるという意識の方が強かったように見えますが。

井筒　そうですね。「服務の宣誓」では「身を挺して国民の負託に応える」となっていますが、では、国民が自分の関心事としてそのことを理解していたかというと、そうではなかったと思います。
安倍さんはアメリカ軍の負託に応えられるかもしれませんが、国民はおそろしいぐらいに「法案がわからない、あるいは反対」という方が圧倒的な中で、どう考えれば自衛隊は命をかけて国民の負託に応えるという使命感を持てるのか。まったく皮膚感覚で伝わってきません。
いったん戦争当事国になったら即、自衛隊は攻撃対象になるというリスクも背負う。その覚悟をもって政治家がこうした法律をつくっているのか。そうでないところが、どうにも許せないんです。

柳澤　そこは私もまったく同じ感覚なんですよ。「服務の宣誓」は私も防衛庁の職員になる時にサインをしましたが、本当に国民の負託が実感できるかどうかは、とても大きな要素だと思います。それは阪神淡路大震災とか3・11のときの災害派遣では、間違いなく負託はあります。だからこそ、一番危険な仕事をやれるわけです。
しかし、こんどの法案の下で外国であのような仕事をやるときに、どこまで国民の負託があるのかは自衛隊にとっては非常に重大なことで、派遣を求める政治家自身がわかっているのか。わかっているけど言わないのか。わかっているのに言わないのは、ウソをついていることになる。もし本当にわかっていないなら、そのほうが危険だと私は思います。

井筒　私はそういう思いもあって依願退職をしたのですが、残って頑張っている隊員のためにも大義は必要だと思いますし、国民の負託も重要です。けれど、おそらく、家族の制止も振り切って、ゆくゆくは派遣されるんだろうと。それで戦死すると、靖国神社や護国神社に祀られてしまうとか言われています。これは問題です。

戦死者の弔い方や、危険手当とか補償金のことも大事ですが、そこを国家的な国威発揚に利用されたり、さらに中国や韓国やアジア情勢を緊張させるような話になってしまえばまさに本末転倒ではないかと思います。

柳澤　かえって国民のリスクが高まりますね。

井筒　そうですね。国の経済活動まで停滞するような大きなことだと思います。そこも国民には見えていないので、防衛省を退職された方にもう少し声をあげていただきたいと思うんです。

柳澤　自衛隊では、特に幕僚長とか長官になった人たちは、政治の命令があれば最善を尽くしますという以外の答えは言えないんです、立場上。

だけどやはり彼らが一番リスクをわかっているはずだし、自分の部下は殺したくない。彼ら個人の人格としてもそうだし、部隊を統率する意味でも収拾がつかなくなるので、誰もが口をつぐんでしまっているというのが現状なんですね。これはすごく自衛隊にとっても不幸だし、国民にとっても不幸なことだと思いますね。

井筒　これは私の持論ですが、万が一この安保法案が通ってしまったら、もう一度「服務の宣誓」のとり直しをして、その上で自衛隊に留まる者と去る者を選別をしないと、自衛隊にとっても本当に不幸な話ですし、海外では他国の軍隊と一緒に軍事行動を起こすわけですから、彼らにも迷惑をかけてしまう。日本一国の、あるいは自衛隊だけの話ではないと思うんですね。

柳澤　そう思いますよ。

井筒　そういうところをもう少しきちんと議論してほしいですね。このまま安保法案の議論を続けるなら。

柳澤　自衛隊員の心からの思いですね。そこがスポッと落ちた議論に終始しています。

井筒　仮に今の新安保法案が通ったとして、文官の中枢にいらした柳澤先生としては、先ほど自衛隊の存亡の危機とおっしゃいましたが、自衛隊のリクルートは大丈夫なのでしょうか。応募者がいなくなったときにどうするのでしょう。

柳澤　私もそこをどうするのかは先ほども言ったとおり心配していますが、そんな単純に誰も来なくなるということはないと思っています。嫌がる者を無理やり戦地に引っ張っていっても使いモノにならないでしょう。むしろイラク戦争でアメリカの貧困層の青年が大学入学を目当てに兵隊になったように、格差と貧困による事実上の強制はとられる可能性はあると思いますね。

そういう人たちはとにかく動くものはなんでも撃てという反射神経だけ叩き込まれて送り込まれるようなことになるのかもしれません。

井筒　国にとっても不幸なことですよね、逆に考えると。

柳澤　やはり血の通った政治が大事です。アメリカのために血を流す政治ではなく、血の通った政治とはなんだということを、もう一度考えてもらわないと。生きた生身の人間がどういう思いで、何を考え、何に悩んでいるのか。こういうことをやらしたらどういう結果が出るのか、そこに思いを馳せるのが血の通った政治ということだと思います。

官僚としてそこまで考えていたらなかなか仕事になりませんから、辞めてからそういうことに思いが行くようになりましたね。

ＰＫＯ法はすでに変質している

柳澤　今度のＰＫＯ法案の改定の問題点に話を移しましょう。要は自衛隊に武器を使わせるから法律が必要になるんです。武器使用は法律事項だということ。武器使用をどこまで広げるかということですね。

こんどの安保法制でも実はそこが肝心なところで、それによってどういう結果が起き、それをどのように政治が受け止めるのか。そこまでは政治の責任だろうと私は思います。

政府は訓練でリスクを最小にできるからそれでいいじゃないかと言いますが、それは違うだろうと。ここは本当に大事なところです。

自衛隊員は自分の命と人格をかけて任務につくわけだから、政治家もそこは政治生命をかけて判断しなければだめだろうということですよ。

井筒　次の公認がもらえるとかもらえないとかという話とはちょっと重さが違うよと言いたいですねえ。

私はＰＫＯ法案で退職したのでＰＫＯにはこだわるのですが、現地の住民保護は治安維持の中身ではないのではと質問すると、口をつぐんでまともに答えてくれません。要は、武器を使って住民を守るためには、ドンパチをする、つまり戦争になるということなのですが、その覚悟はできているのかというと、まったくそれが伝わってこないんです。

柳澤　こんどのＰＫＯ法というのは、まさに言われるようなリスクがあります。

井筒　ＰＫＯ法案で自衛隊をカンボジアに出したころと、今のＰＫＯ法とではそもそも質が違ってきています。

柳澤　今のままでも危ない。

井筒　ええ、すでに違う基準でやっていますね。

柳澤　住民の保護が法律の目的と書いてありますが、やることは何かといえば、検問所の設置とか巡回となっている。すなわちそれは、住民が襲われたときの防護ですね。ということは、はじめからこちらが武器を使わなければいけないことです。武器を使えば相手だって撃ってくる。撃ち返してくるわけですから、それは災害派遣のリスクとは全然性質が違うでしょうということです。

今までは自己保存のための武器使用権限でした。結果として抑制的になったので撃たれずに済んで、こちらも撃たずにいられた。しかし自己保存のためとはいえ撃ってしまえば、相手も撃ち返してきますね、当然。そこの問題点に気づかなかったことがもっとも私が忸怩たる思いでいるところなんです。

これまでは、相手が国か国に準じる者でなければ、憲法上は撃ってもいいという解釈できているわけです。現実には、国に準じるような政治主体とはいえない武装勢力が相手なので、歯止めにもなっていない。しかしそれも、撃っていないから矛盾に気がついていないだけなんです。

こんどの法案では、「非戦闘地域」をはずして「現に戦闘が行われていない地域」としたわけですが、やはり今の憲法の下でそこまで解釈で踏み込むのは無理だったということなんですね。

ただ、私が防衛官僚のときは、そこまでなら憲法上許されると言ってきました。そこに対する忸怩たる思いはあります。

井筒　紛争当事国の停戦合意がＰＫＯの前提ということがあったにしても、国連も絶対ではないので、いつ戦争が再開されるかわからない。派遣された自衛隊がそれに巻き込まれる可能性は大いにあるわけですから、いつのまにか戦争に加担しているということにもなりかねない。となれば、こんどの法案はいくらＰＫＯ法の改定だと言われても本当の戦争法案となんら変わりがないということになります。

柳澤　誰が紛争当事者あるいは国に準ずる者と決めるのか。結局、国連やアメリカが交渉しようと思う相手は紛争当事者であり、国あるいはそれに準ずる者なんですね。だけどアメリカが実際にやっつけようと思っている相手はそうではないわけです。本当の相手は別にいる。だから紛争当事者が停戦に合意しているとか、紛争当事者がいない場合とこんどの法案では規定していますが、当事者がいなかったら別に治安維持は必要ないじゃないかと思ったら、実はそうではなくて、紛争当事者でない武装勢力がいるということが前提になっているわけです。

ですから、意図して危険が見えないような書き方になっているという印象をもちますね。

井筒　私は「オレオレ詐欺」だと言っています。

中国・北朝鮮脅威論のまやかし

井筒　安倍さんがアメリカの議会演説で8月中に法案を仕上げると約束した以上は、今の国内世論がどうあれ、おそらく法案は通ってしまうと思います。そこでお聞きしたいのは、アメリカに自衛隊を差し出しますという法案が通ったことで、対中国外交はどう変わるのでしょうか。

アメリカにいいように使い走りさせられる一方で、アメリカはこれまで以上に露骨に中国と仲良くし、韓国とも連携して、日本だけ置いてきぼりをくうということはないのでしょうか。対米、対中関係は今後どう変わっていくと思われますか。

柳澤　私の実感からすると、イラクでは本当にしんどい思いをして派遣したわけです。しかしおそらく、イラクで自衛隊がやった仕事の結果である学校や道路は今はあとかたもないでしょうし、当時アメリカから、これで日米関係は「ベター　ザン　エバー」だと言われたような外交的な財産は何も残っていないですね。

結局、同盟関係というのは浪花節の世界じゃなくて国益のぶつかり合いの世界ですから、いくらアメリカにサービスをしますと言っても、アメリカは来るときには来るし、来たくなければ来ないという世界なんですね。

安倍さんたちは結局、中国が念頭にあって、中国が乱暴なことをしたときにアメリカが助けてくれないかもしれないという心配があるんだと思うのです。

私はこのあいだ、海上自衛隊の高官ＯＢとＮＨＫのラジオで対談をしたのですが、軍事的な能力はアメリカはこれからもダントツであり続ける、中国に追い越されるということはないと言っていました。ほかの軍事専門家もみな同じ見方です。けれども、この近辺だけに限っていうと、アメリカの手が回らないところはあるのかもしれないと彼は話していました。

一方で、アメリカと中国は本気で戦争をする気はないということも多くの人が認めていることですね。そうするとね、いったい何をアメリカが望んでいるのかと。

結局、日本と中国がぶつかったときにアメリカが本気で助けに来てくれる、本気で日本の肩をもって介入してくれることを担保する、そのために集団的自衛権でアメリカのご機嫌をとる。安倍さんたちはそういう発想ではないかと推測します。

しかし、中国とアメリカは本気で戦争をする気はないという前提に立てば、そういう前提は成り立たないわけです。

見捨てられないためにも、一生懸命、何でもサービスをしますと言っていますが、しかし、現実には今のサイズの自衛隊でできることは限られています。あの法案に書いてあることを全部同時にやることは絶対にできないんです。

そこはたぶんアメリカもわかっているから、無理な注文はしてこないと思います。結局、こういう法律をつくったというだけの話になってしまって、その発想で日米が海上で中国と対峙するようなことになれば、それは緊張を高める要素しか残らないと思うんですね。安全保障上の対中抑止策としてもこれが有効なのかどうか、私ははなはだ疑問ですね。

そもそも中国の何を抑止したいのかがわからない。南シナ海を抑止したいというならばわからないでもないですが、その場合、南シナ海上に自衛隊が行けば、日本全土の防衛は誰がやるんだという話になるわけです。その優先順位とか、防衛資源の配分とかを併せて議論しないと安全保障にならないでしょうということです。

井筒　おっしゃるとおりで、法的なことがすごく問われてくると思います。南シナ海を守ろうとするならばイージス艦をまわさなければいけませんが6隻しかないし、ドッグにも入れなければならないと考えれば、動かせるのは必然的に数が限定されてきます。

もう少し現実的に自衛隊の運用面のことをご理解いただいてからこういう法律にしてもらわないと。

柳澤　軍事的な知識がないのはしょうがないとしても、そこを自衛隊のプロがどうやって補佐するかも問われるわけですよね。政府の閣僚の答弁を聞いていると、少なくともプロフェショナルな見地からサポートしているとはとても思えないんですね。

結局、政治家が言いたいことをいかにボロが出ないようにカバーしてあげるか。それが今までの国会答弁だったんです。政治家がどんな言い間違いをしてもあとでなんとかフォローできる範囲で管理する。そういう発想でしょう。ですから、安全保障の戦略論として国会の議論が深まることはまったくないわけです。

安保法案は何をめざしているのか

柳澤　私がなぜ防衛庁に入ったのか、どういう思いで仕事をしていたのかという話を冒頭にしましたが、われわれには戦争を経験した先輩がもういないのですから、私たちの世代が後世に何を伝えていくかは非常に重要なことです。われわれ自身の責務だと思っています。ですから、ここまでやってきたような話はこの先もずっとしゃべり続けなければいけないという思いがありますね。

井筒　柳澤先生が防衛庁にお入りになったときには、まだ戦中派や戦前派の方たちはいらしゃいましたよね。

柳澤　当時は旧軍出身の方もいましたよ。士官学校を出たら終戦になったとか、幼年学校を出たという方もいました。そういう人たちがもう完全にいなくなりました。

私は例の「文官統制」の廃止というのは、時代の流れでいいと思っています。警察予備隊ができたときには旧軍から集めるしかなかったわけですが、そうすると旧軍が暴走するかもしれないというので、内務官僚が文官統制の制度設計をしたわけです。

今や旧軍出身はいないわけですから、文官統制というのは歴史上も必要がない。そうするとこんど問題になってくるのは、政治の暴走を誰が止めるのかという話なんです。

井筒　政治家が戦争の実態や自衛隊の運用に対するリスクなどを皮膚感覚でわかってもらわないと、最後の命令を出すところですからね。なおかつその政治家がみんな戦後派なわけですから。元自民党幹事長の野中広務さんや遺族会代表の古賀誠さんの発言にしても、彼らの言うことを今の自民党員はほとんど聞く耳をもたないですから。後藤田正晴元官房長官が派兵するなら閣僚を辞任すると中曽根康弘元総理をいさめた話は有名ですが、そんな人はどこにもいない。

どうも今回の安保法制に関しては、一番それを言わなければいけない防衛省の人たちはどちらかというと消極的というか、できれば今までのままでいいという感じで、どうも違うところの省庁がイニシアチブをとって進めていると外からは見えるのですが。

柳澤　防衛庁の中にも二つの流れがあって、一つは日米同盟それ自体を目標にするようなグループ、それは文官の中にもいます。もう一つは国土防衛派と称されるグループです。

今は、同盟オンリー派みたいな人たちのほうが有力で、この安保法制でアメリカと一体化するんだと。

井筒　千載一遇のチャンスだと。

柳澤　ある種、悲願でもあったわけです。だからといって憲法と矛盾していいわけはないです。そこがまともに議論されず、政治に丸投げしているんです。

井筒　日米条約は、いわゆる「片務条約」で、防衛庁の文官はずっと肩身の狭い思いをしてきたということが言われたりしますが、これについてはいかがでしょうか。

柳澤　そんなことはありません。それはどちらかといえば、外務官僚の話ではないでしょうか。そもそも、日本は日米関係の中でそんなに後ろめたい思いをする必要はないんです。つまり日本は戦略的にアメリカにとって必要不可欠な位置にいるわけですね。日本を失って一番困るのはアメリカ自身ですから。アメリカの拠点としての在日米軍基地、そしてロジスティックスの拠点でもある日本の産業力全体も含めて、日本を同盟国に持つのはアメリカの国益なんです。だから、安保条約の第5条があるわけです。

第5条は岸信介さんがつくったもので、唯一、アメリカの防衛義務を認めさせた条文なんです。だから何も後ろめたい思いをする必要はない。それがあるから沖縄の人だってあるいは納得するかもしれない、そういう論理で説明をすればね。

アメリカにはいてもらわなければ困る。だからアメリカには基地も貸します、お金も出します、人も出します、こんどは血も流します――そういうバランス感覚っていったいなんなんだということですよね。

日米同盟の解釈、その対処法はどこまでやればいいのか。そこは冷静に議論をしないといけないと思います。

井筒　今回のこの法律の本当の目的はなんなのか。中国が尖閣をはじめ、いろいろ迫って来ていると大国脅威論を展開していますが、一番ヤバイのはテロではないかと。テロに対処するというのであれば、この法律をちゃんと整備をする意味はあると思いますが、中国や北朝鮮を仮想するのは、ちょっと違うのではと思うのですが、そのへんはいかがですか。

柳澤　国民をあおる論理と同盟の論理とやはりズレがあります。大国論争における国益の論理というのもそれぞれ違う側面があります。中国に島をとられたらどうするのか、北朝鮮がミサイルを撃ってきたらどうするのか。それはいずれも個別的自衛権でやれることでしょう。だけど、そこを取り上げて一国では守れないという話をしてくるので、それは昔からそうだろうと。ソ連を相手に日本は一国で守ろうと思ったことはなかったわけです。プロパガンダの論理にしか思えないので、本当に何をしたいのかがわからない。

結局、集団的自衛権という言葉に光りを当てたいがためにやっているとしか思えないですね。

井筒　日本の防衛予算は約5兆円。予算配分からみても全然整合性がとれていないのではないでしょうか。

柳澤　南シナ海もホルムズ海峡も全部やれる法律をつくるというわけですから、優先順位をきちんと議論した上ではじきださなければいけないのに、そこの作業がまったくできていないですね。南シナ海を守るというのであれば、海上自衛隊をあと二つぐらいつくらないとだめです。

国の在り方をもう一度、国民全員が共有し直す

井筒　私の現場感覚から言うと、恒久法で戦争ということになれば、若い隊員に入ってもらわないといけないんです。私がいた10年前は、10代~20代前半の若者が1万6千人ほどいましたが、今はだいぶ減っていることでしょう。さらにこれで戦死者が出るようなことになれば、志願兵という形は厳しくなって、自衛隊の継承そのものが技術論も精神論も含めて、立ち行かなくなってしまうのではないかと危惧します。

柳澤　私はそれを本当に心配しています。このままいったら、自衛隊は崩壊してしまう。この安保法制の通りにやれば自衛隊は崩壊するのではないかと。

70年間、日本は戦争をしてこなかった。ですから、戦死したらどう扱ってくれるのかは誰も知らないわけです。そういう状態で、しかも国の命令、すなわち国家の意思で海外へ行かされるわけです。しかし、そこでの自衛隊の武器の使用は法律にどう書いてあるかというと、「自衛官は」が主語で、「自衛官は武器を使うことができる」と書いてある。これでは、やったことの結果責任は誰に来るのかというと、それは自衛官にです。それはおかしいだろうと。なぜそうなるかというと、今の憲法は国際紛争の解決手段としての海外での武力行使を禁じていますから、日本国が武力行使をするわけにいかない。だから「自衛官が武器を使う」という書き方になっているわけです。国として放りっぱなしにしている。そこまでやりたいならば堂々と憲法を改正しないと無理なのです。

井筒　23年前に退職するときの最大要因がそれなんです。海外に行って間違って相手を負傷させたら、帰ってきて刑事罰を受ける。なんで個人的に責任を負わなければいけないのか。

柳澤　それは間違いなく、自衛官による殺人となります。

筒井　殺人です。それが隊員個人のせいなのか、部隊長の命令なのか、あるいは共謀なのか、共謀じゃないのか。もう、無茶苦茶です。それは、こんどの新安保法制下でも同じことです。軍法会議もないわけですから。

柳澤　軍法会議はありません。殺人犯は国内犯も国外犯も刑法で裁くわけです。

たぶん実際に有罪になることはないとは思いますが、そこをどう始末をつけるのかという問題ですね。

井筒　法律上の説明がつかないといけません。それと、例えば、国と認定されない人たちと何かあったときに、そこから訴えられるということも大いにありえます。

柳澤　国際司法裁判所への提訴。

井筒　提訴されたらどうするのかは、議論をされていないですね。今のままですと、やってしまった隊員がしょっぴかれて裁かれる。国も法も守ってくれないです。

柳澤　つまり軍隊が存在しない前提で、海外で戦争をするのは無理だということです。

井筒　そこをクリアにしておかないと。今アメリカではイラク戦争などで7千人ほど死亡したと言われますが、イラク派兵で自衛隊員が死んだら1億円を出そうという話もありました。仮に7千人が死んだら7千億円。そんな金をどこから出すのか。こんな議論をしたらいけないのかもしれませんが。

柳澤　アメリカが大変なのは怪我をして帰って来た兵士たちのフォローです。それと、精神的にもう社会復帰ができない者が、大変な数にのぼります。それに対する補償のお金もべらぼうな金額になったそうです。

井筒　２０１３年のアメリカ国防省のデータで、帰還兵の長期療養者が約12万人となっています。自衛隊員もイラクから帰国後、かなりの自殺者も出ています。きちんと調査をすればうつ病になった人もいるでしょう。今後もそういうことが起こりうるわけで、防衛官僚としてそこまで考えて仕事をしたいですよね。それは当然責任ある仕事ですから。

柳澤　私は人事教育局長もやりましたが、そこはすごく考えざるをえませんね。

井筒　でも、その議論がまったくないわけで、仮に百歩譲ってこの法案を出すのであれば、防衛省の上級官僚は少なくともそのあたりを詰めたうえでないと。

柳澤　そうですね。ただ、それを言い出したら話が紛糾するから言えないのでしょう。

井筒　負傷者への対応の前提は、まず本人を医師あるいは看護師が手当てするということですが、実際の現場ではそのやり方は機能しないです。隊員自身が簡単な外科手術ぐらいやれるようにしておかないと、戦場ではちょっとやられただけでそれが死に結びつくということがありますので。ですから隊員は必ずレンジャー教育を受けて、すべて自分でやれるようにしておく。自衛隊は装甲野戦救急車両を持っていないので。

柳澤　たぶんヘリを持って行くんでしょうね。

井筒　兵站を担うということになると、当然、車列という話になりますので、その車列が攻撃されて負傷したときには、レンジャー部隊ならバディ（コンビ）がその隊員の止血をするとか、初歩的な治療はできます。自衛隊では衛生兵は随行しますが、看護師資格しかもっていないので薬の投与も痛み止めも何もできない。少し負傷しただけで致命傷になるという事例が増えて、戦死者数の数をどんどん拡大させる要因にもなりかねません。

柳澤　おそらく訓練をつうじて躊躇なく相手を撃てるようにはなると思うんですよ。何も考えずに引き金を引くための訓練ですね。それは、回数と馴れと反射神経の問題ですからね。だけど飛んできた弾をよける訓練なんかできないですね。結局、訓練によってリスクはなくせないんです。

井筒　マネージメントする側からすると、当然リスクが高まることも前提にしないといけないですね。

柳澤　そうでないとリスク管理ができません。

井筒　その議論になると、いやいやそんなことはない、うまく逃げるんだとか言って、まともに答えませんね。

防衛医大を卒業して医官となり、一定期間、民間病院に行って技術を習得してきた人を現場に連れて行って実地に学んでもらう。せめてその程度の医療体制ぐらいは整えてほしいですね。

戦死の扱いも含めて、そういうことがまったく何も議論されずに、ただ安全にいることの理屈づけを法律でつくっている。公明党の北川さんも、だから大丈夫なんだと言っていますが、あなたが自衛隊に行って来いと、レンジャー教育を受けて来いと言いたいです。

柳澤　自分のつくった法律で、隊員が死ぬか死なずにすむかということですよ。自分自身がとことん納得しないで法律をつくっていいのかということですね。

井筒　そうですよね。そういう意味では私は、安倍さんがよくも悪くも国民の関心事にしたわけで、廃案になろうがなるまいが、とにかく安全保障とか自衛隊の運用をどうするのかを徹底的に議論をして、万が一法律ができても、それをむやみやたらと運用できないようにしてもらいたいと思います。

柳澤　この議論はまだまだ続くと思います。戦後70年、戦争を経験した人がどんどんフェイドアウトしていっています。経験した世代は「戦争だけはだめだよ」と、自民党の議員でも誰でもみんなそう思っていました。だけど、その前提がはずれてしまったら、国のあり方そのものを、みんなでもう一度共有し直す手順が絶対必要なんです。

自衛隊でいえば、海外に出すときは非武装任務に限定するのか、犠牲覚悟で武装したミッションを与えるのか、という非常に大きなテーマをもう一度みんなで考え直す必要があります。

国の防衛でいえば、専守防衛に徹して自らは戦争に就かないようにするのか、ことによってはアメリカと一緒に相手を力ずくで威嚇するのか。専守防衛を越える集団的自衛権行使の道を選ぶのか。

単純にいえば、この二つについて国民がもう一度考え直すという手順が必要だと思いますね。

井筒　私は国民の皆さんにも政治家の皆さんにも覚悟を求めたいのは、戦争になれば、有事法制である「国民保護法」の名の下にあらゆる面で国民の権利が制限されるわけですね。公共機関の乗り物一つとっても自衛隊優先になっていくわけです。憲法学者の小林節先生がおっしゃっていましたが、戦争は国家機密の塊りだと。

まさに自由を根底から覆すところまで踏み込んでまで自衛隊を運用し、日本が世界にわざわざ出かけていって誰かと一緒に戦争をしなければいけないのかどうか。そのときちんと議論をして結論を出すというのが、今の時代に生まれた私たちの責任だと思います。

今日は柳澤先生にお会いして、防衛省ＯＢの頼もしさを実感しました。望外の喜びでした。

〈安保法制とＰＫＯ活動〉

国際紛争の現場からほど遠い空論

伊勢崎賢治

（国際紛争調停人、東京外国語大学教授）

●聞き役●井筒高雄

いせざき けんじ

東京外国語大学総合国際学研究院（国際社会部門・国際研究系）教授。1957年東京都生まれ。早稲田大学大学院理工学研究科修士課程修了。国際NGOでスラムの住民運動に協力した後、アフリカで開発援助に携わる。国連PKO上級幹部として東ティモール、シエラレオネの日本政府特別代表として、アフガニスタンの武装解除を指揮。著書に、『武装解除』（講談社現代新書）、『伊勢崎賢治の平和構築ゼミ』（大月書店）、『アフガン戦争を憲法9条と非武装自衛隊で終わらせる』（かもがわ出版）など多数。

今のPKOは「抵抗すれば撃て！」

井筒　私が講演をしていると、「日本はDDRとどう関わっていけばいいのか」という質問を会場から受けることがあります。私自身、その問題に向き合うため、今回の対談をお願いしました。まず、DDRについてご説明いただけますか。

伊勢崎　DDRは国連がつくったアイデアで、最初の「D」はDisarmament、武装解除です。二つ目の「D」はDemobilization、動員解除です。人を殺すことしか知らない兵士や民兵をいったん一般市民に戻す。ただ、それだけでは、また経済的な困窮から武器を手に取るようなことになるので、そうならないように職業訓練を施します。これが「R」のReintegration、社会復帰事業です。

紛争を経験した国は、紛争の後に和平が訪れたら、必ず再建しなければいけません。その場合、なにから始めなければいけないかというと、兵士や民兵をどうするかということです。

井筒　まずは、武装解除だということですね。

伊勢崎　大切なのは、再建した新しい国にどうやって治安維持装置としての国軍、警察をつくるのかということ。その場合、イラクみたいのが一番困るわけです。元の政権を全部倒しちゃったから、ゼロからつくらねばなりませんでした。昔の政府の軍、ここでは「旧軍」と呼びますが、ちゃんとした軍隊の形式をもっている人たちと、いわゆる民兵連中、その両方に花を持たせなければいけない。イラクの場合は、その旧軍を全く邪険にあつかったので、後々に大変な問題になって、「イスラム国」を生む原因をつくってしまったのです。

国軍と警察をつくる前段階として、まずは武装解除をします。「SSR」(Security Sector Reform)、訳すと「治安分野改革」と呼びます。適正規模のいい国軍と適正規模のいい警察とでもって、法（国）の支配をやっていく。ここはＤＤＲの動員解除で重要な点です。

ＤＤＲは、ゲリラが潜むジャングルに「投降しろ。だったら許す」みたいなビラをまいて、一般兵士に投降を促す投降作戦とは一線を画します。あくまで政治合意。「上」が「下」に武装解除せよと命令する。天皇陛下が「敗戦」と言ったのも、概念としては同じ。日本軍は整然とそれに従ったわけです。アメリカは、あの時はうまくやったんですね。

井筒　たしかに、そうですね（笑）

伊勢崎　アフガンみたいな国だと、武装勢力というのはそれなりに指揮・命令系統がありますから、ちゃんと上の命令を聞くわけです。ところが、僕が経験したアフリカのシエラレオネみたいなところだと、上に対して反発するグループも出てきて、それが分派してしまう。新たな紛争の種が生まれる。そういう複雑に派生する対立構造を扱いながら、紛争の収束と国の再建をすすめるのがＤＤＲなので、非常に危険。アフリカは少年兵も多いですから。

でもこれは基本的に政治合意です。「銃をおろしたほうが政治的恩恵を得られる」と彼らが判断すれば、銃をおろす。だから、合意の形成が基本なんですが、今は違うんです。今はＲＯＥ（交戦規定、Rules of Engagement）の中に、ＤＤＲが入っている。コンゴ民主共和国ですけど、「武装解除の命令に抵抗したら撃て！」と（笑）。

井筒　それをＰＫＯ、「国際連合平和維持活動」と呼ぶのかと。

伊勢崎　ここまでＰＫＯは進化しているのです。日本の国内法は、全くこれについて行っていません。

10年前の僕がいた時代と比べても激変しています。国際紛争に介入する際の国連は一応、「中立」の立場をとり、もしくは、自らそう演出します。「演出」といったのは、国連は、そもそも、人権など世界のモラルをリードする国際政府ではありません。世界征服を企てた不埒者を成敗した後の世界を五つの戦勝国が支配するための体制です。仲良しクラブではない五大大国が支配する安全保障理事会は、民主的な組織でもありません。でも、それに代わる体制を人類はまだ見出していない。ただそれだけのことです。

すべてのPKOミッションは、この安保理がすべてその権限と任務を与えますから、武装解除、DDRを含むものは、ほとんどのミッションにこれが入りますが、一番矛盾に満ちたものになるわけです。

井筒　それに、伊勢崎先生も携われたわけですね。

伊勢崎　そうです。「そもそも武器って誰がつくったんだ」という話です（笑）。彼らがつくった武器をつかって国際紛争が起こるのに、「直接売ったわけではない」と彼らは責任を問われない。だいたい武器というものは、必ず間接的に非合法組織に流れるのです。開き直られても困りますね（笑）。

「ピースキーパーの特権」

伊勢崎　国連がかかわる国際紛争でわかりやすい例は「内戦」です。政府に対して反政府ゲリラが立ち上がって、ドンパチが始まる。1980年代、90年代は、まだ内戦が内戦らしかった時代です。

今の内戦というのは、国際紛争の扱いです。どんな国でも、自国の軍事組織を海外に派遣する際、もっとも気にしなければならないのは「戦時国際法」、いわゆる「国際人道法」です。1919年のジュネーブ諸条約でも、戦争は、国家と国家がするものが前提でした。それから冷戦の時代を迎え、それが終焉すると内戦の時代が始まります。

果たして内戦というのはなにか。戦時国際法の中で処理できる問題か、そうじゃない問題か、PKOの中でも議論がずっとありました。1977年の同条約追加議定書を機に、その辺のことがだんだん明らかになってゆきます。

井筒　中国の共産党と国民党との内戦も、そう言えますよね。

伊勢崎　内戦といっても、ただ一国の問題じゃなくなってきて、近隣国の内政とぐちゃぐちゃに絡み合っています。国際法というのは、運用の世界ですが、そういうふうに運用をしないと片付かない現実がどんどん出てくる。戦時国際法で、お互いを合法的な攻撃目標と見なし合う、いわゆる交戦主体ですが、例えば「広域暴力団」みたいな組織も交戦主体として見なされるようになってきました。当然、それに対峙するわれわれPKOも、彼らから見た合法的な攻撃目標となるわけです。

井筒　伊勢崎先生がPKOに関わられたのは、いつ頃になるのでしょうか。

伊勢崎　僕がPKOに関わったのは90年代後半からですが、当時の安保理の与える任務は、停戦合意の監視でした。紛争当事者同士が、たとえ反政府勢力であれ、一応は同意している。同意のもとに、「中立」な武力が、そこに割って入る。

もともと、多国籍軍や職員を含むPKO要員、つまりピースキーパーを傷つけるのは、国際法違反と見なされてきました。だけれども、これは国際協定なので批准しなかったらそれでおしまいなんですが、ほとんどの国が批准しています。まあ、「ピースキーパーの保護特権」ですね。

井筒　たしかに特権ですね。

伊勢崎　でも、それは「平時」の時までで、ピースキーパーが任務遂行のために交戦したとき、その特権はなくなるという考え方ができたわけです。その時点からわれわれは紛争当事者、国際法上の交戦主体になる。でも、誰もそれを実行に移さなかった。どんな国の軍隊でも、自国の国防以上に本気になれる任務はありません。だから、基本的に、PKOは、ダラダラやるものなのです。

そんなとき、ルワンダの虐殺（1994年）が起きます。やっと停戦合意ができたところで、その監視のためにPKOが入ったんですが、その目の前で停戦合意が破られ、住民が殺され始めた。でも、PKO多国籍軍は、ひとつひとつ撤退を始めてしまうのです。

国家に代わり、住民を保護する国連責任

伊勢崎　明確に覚えているのは、僕が個人的に関わった「シエラレオネ内戦」（1991〜2002年）です。政府と反政府ゲリラと停戦合意をしてPKOが入ったわけですが、多国籍軍のひとつの部隊、一大隊（600人程度）ですが、反政府ゲリラから攻撃を受けたのです。そして、戦うどころか、手を上げて降参し、全員捕虜になってしまった。法的には交戦主体になれるとわかっていても、実際にはドンパチはやりたくない。アフリカくんだりまで行って、やっぱり体をはって戦争は、誰もやりたくない。

ただ、1994年のルワンダの虐殺では、PKOが撤退した結果、住民100万人が殺され、国連

史上、最大の汚点、トラウマになりました。そこから、住民を「保護する責任」という考え方が生まれるわけです。「国家の安全保障」ではなく、「人間の安全保障」のほうが大切という考え方が出てきたんです。「R2P」です。

井筒　どういう略ですか。

伊勢崎　Responsibility to Protect。「to」を「two」と読み、「2」と書きます。しかし、これは、国連憲章の基本概念とバッティングします。つまり「内政不干渉の原則」です。国連が内政に干渉しますよといったら、誰も国連の加盟国になりませんよね。R2Pは、これにバッティングするのです。

国家主権というのは独裁者の特権ではなくて、国民を保護する国家の責任なのです。でも、国家がその責任を果たさず、逆に住民を殺している場合があります。そういうときには内政不干渉の原則を凌駕してでも、国連を中心とする国際社会は介入する責任があると。そのためには武力行使もいとわない。これがR2Pです。

井筒　そういう考え方ができたけれど、実行には移さなかった。

伊勢崎　はい。ところが、PKOの悲劇をキッカケに生まれたR2Pが、国連史上初めて実行されたのはPKOの現場ではなかったのです。それが、2011年のリビアです。アラブの春がここにも伝播して、独裁者カダフィ政権に対して、民衆が立ち上がったわけです。それに対して、カダフィ政権は徹底的に弾圧します。住民を保護しなければいけないということで、NATO（北大西洋条約機構）の一部の有志が空爆をするんですね。

井筒　これに対して、拒否権を使う国はなかったんですか。

伊勢崎　このときはロシアや中国も拒否権を使わなかった。棄権をしたんです。同じような構図のシリアでは、拒否権が発動され、なにも起きなかった。

こういうことが相まって、「保護する責任」が国際社会をリードする雰囲気になっていきました。PKOの世界でもです。今、PKO的に最も注目されているのは、南スーダン、コンゴ民主共和国、中央アフリカ共和国の3カ国です。南スーダンには今も自衛隊がいますね。この3カ国は互いに隣接しています。特にコンゴ民主共和国。この国では、過去20年間で540万人が死んでいます。それと、アルカイダ系が入っていると心配されている中央アフリカ共和国。この3カ国に大型のPKOが展開していますが、筆頭任務として掲げているのは停戦の合意ではなくR2P、「住民の保護」です。

つまり、国連は、国家になり代わってでも、住民を保護する責任を負っているのです。コンゴ民主共和国では、住民が窮地に陥ってから駆けつけたのではもう遅いと、先制攻撃までやりました。悪さをしそうな連中が悪さをする前に、叩く。

井筒　そうしたPKOの部隊は、どういう国の人たちで構成されているんですか。

伊勢崎　ほとんど周辺国ですね。

紛争当事国からあてにされていない先進国

伊勢崎　PKOに兵を送る派遣国のインセンティブの議論があります。PKOは集団安全保障の典型ですからね。本来、集団的自衛権とは一線を画しています。全く利害関係のない他人（他国）の問題に、どこまで命をかけられるか。そのインセンティブの議論があるわけです。

派遣国それぞれに、それぞれの事情があるわけです。まずは発展途上国、これはまあ、外貨稼ぎですね。国連から提供した兵力に応じて償還金が払われるからです。それと旧宗主国。植民地支配のレガシーという歴史的な責任があります。それから、国連に参加することによって、国のイメージを変えたいという国。今までは軍事独裁で、民主革命が起きて、その国のイメージを変えたいようなケースです。インドネシアや中国はまさにそうです。

井筒　派遣国は具体的に、どういう国が参加するのですか。

伊勢崎　発展途上国で一番存在感があるのは、インドとパキスタンでしょう。ラテンアメリカの国々も多い。これは、以前の牧歌的なＰＫＯの時代も、今の「住民の保護」の時代も同じです。でも、違うのは、今は周辺国が主体なのです。

周辺国は、その国の紛争の内戦を放置しておくと、自分のところにも火の粉が降りかかってきます。反政府勢力は国境を自由に跨いで活動していますから。ですから、きわめて集団的自衛権的な動機で、集団安全保障に関わっているんですね。停戦合意の監視での中立性が求められたのは昔。今は、より利害感をもって〝真剣に〟戦ってくれる国が派遣するということが、ＰＫＯミッションの設計の前提になっているのです。

井筒　さきほどの３カ国については、どうなっているんですか。

伊勢崎　先進国はどこも出していません。出しているのは南スーダンぐらいです。それも日本と韓国が数百人ずつの部隊だけ。旧宗主国でさえ、出していません。先進国は部隊を出すことを期待されていないんです。

井筒　自衛隊が現場で、必要最小限のマニュアルを各自でつくったと聞きました。

伊勢崎　それはたぶん運用面のマニュアルでしょう。任務によって各部隊が、各々の国内法に合わせながら、作っていると思います。自衛隊のような施設部隊であろうが、最近のスナイパー部隊まで入っている歩兵部隊であろうが、戦車部隊であろうが、どういう任務をやるかによって、ROE（交戦規定）の運用が違ってきますから。

井筒　与えられた任務、役割によってですね。

伊勢崎　「住民の保護」の現代PKOでは、ROE自体が大変に好戦化しています。でも、施設部隊であろうが、歩兵部隊であろうが、PKOでは、ROEは同じなのです。ただ、それぞれに与えられた任務によって、そのROEの運用が違ってくるだけ。ですから、自衛隊の施設部隊がいて道路建設をして、そこに住民が逃げ込んで来て、武装勢力の銃口が住民に向けられたら、たとえ自衛隊員にそれが向いてなくても、撃たなければいけない。

井筒　PKOの改正で「住民保護だ」という概念がそこにあるわけですね。私はPKOの改正というよりも、PKF（国連平和維持軍、Peacekeeping Forces）の新法をきちんとつくったほうが、ストレートに国民にも伝わると思うんです。自衛隊員にも、その家族にとっても、そちらのほうが覚悟が持てる。「住民保護のためには武力行使もいとわない」という任務になったことを明確にしたほうが議論しやすいというか、伝わりやすいのかなと思います。

伊勢崎　そうした法体系がないままでは、自衛隊員が命をかけられる国家の大義にならないわけです。

井筒　本当におっしゃる通りです。自分たちがまったく関係ないところに出されて、誰も味方がいない中で攻撃を受けて、1回目は逃げてとか、軍事的にはありえない。現実的にありえないようなことで運用されてしまうと、死んでも死にきれませんよ。

20年前のレベルで議論する与党と野党

井筒　伊勢崎先生がおっしゃったように、国際紛争の解決レベルがどんどん上がっているにもかかわらず、かなり前のレベルの話で、国会は議論していますよね。

伊勢崎　やっているのは20年前のPKOの話ですよ。一番罪深いのは、別に自民党の味方をするわけではありませんが、民主党政権です。今の南スーダンのミッションを決めたのは、民主党なんです。今まで自衛隊に課されたミッションの中で、南スーダンのものは、PKOの筆頭任務がガラッと変わりました。つまり、「住民の保護」です。あの時点で、もう、PKO五原則は成り立っていないのです。撤退したら困るわけですから。そこに気づいていたと思いますが、PKO五原則を根本的に見直すべく、国民に信を問うべきでした。停戦合意が破られても、もはや撤退できないのですから。

井筒　戦争とはどういうものなのか、きちんと議論し、国民に説明しないとダメですよね。92年にPKO法が成立しましたが、自衛隊を動かせば、必ず死者が出るのが戦争ですし、それが自衛隊の役割です。そこをきちんと政治家が国民に伝えていかないといけない。

道路を整備するとか、敵対するグループ、政府軍なのか反政府軍なのかわかりませんが、一般的に紛争地域でそうした作業を自衛隊がすれば、「その道路は正規軍が軍事ルートとして使う」というふうに100%とられますよね。

私はレンジャー隊員を終わって、3等陸曹になって、国内で中隊を引っ張っていくぐらいの覚悟で頑張っていこうと考えていたんですが、政治のああいう状況や現場を報道するマスコミを目の当たりにして、愕然としたんです。

こんなバカげた命令で、もし相手を撃ってしまって殺したら、帰国後、殺人罪で刑罰を受けるということを聞いて、「アホらしくてやってられない」と。それで依願退職を決意したわけです

伊勢崎　そうだったんですか。

井筒　それから23年ぐらいになりますが、政治の世界はまったく変わっていない。こんどは「戦争をしに行く」と言っているのに、国会はなにをしているんだ、という話ですね。

政治家の頭の中は〝空想〟のお花畑

井筒　伊勢崎先生は自衛隊から呼ばれて講演するとか、防衛大学校に呼ばれて学生に話すとか、そういうことはないんですか。

伊勢崎　実は幹部学校の講師を5年以上やっているんです。「統合幕僚学校」の高級過程で陸・海・空の幕僚幹部候補生を教えているんです。

井筒　統合幕僚学校といえばキャリアですよね。自衛隊の側から世論に呼びかけるとか、現実とのギャップを埋めていこうとか、内から声は起きてこないんですか。

伊勢崎　そもそもカリキュラムで、「戦略」を教えていない。今の自衛隊は「戦略」を必要としていないのです。専守防衛が基本ですから、「戦術」だけでいい。「戦略」はアメリカが考えてきた。でも、

アメリカが国防の最大の脅威と位置付けているグローバルテロリズムにアメリカは、〝負けて〟いる。日本にとって、これは対岸の火事でしょうか。僕は違うと思います。イスラム国はすでに警告しています。だったら、アメリカの戦略に追従した戦術ではなく、〝負けている〟アメリカと共に敵に勝利する戦略を自主的に考えないとダメだと思います。でも、そんなことを教えているのは僕だけ。

井筒 広義としての戦略ではなくて、専守防衛の一科目になっているんですか。

伊勢崎 そこまでいっていないんです。唯一それをしゃべる教師が、僕だということです。本当に戦略を重要視するなら、カリキュラム全体から変えなければいけません。

井筒 とりあえず今のところは、カリキュラムを変えず、それを逸脱したところで、伊勢崎先生がいろんな話をされていると。

伊勢崎 そのようです。そもそも政治家の頭の中では、空想だけが先行している話ですから。

一方、現実問題として、今回の安保法制が通っても、日本の自衛隊は海外で、それほど大きな武力行使はできないと思います。日本は敗戦国ですし、ドイツ以上のことはできないはず。ドイツは陸軍を戦争目的で初めてアフガニスタンに出兵しました。それまではPKO的なものでした。ですから、あのときのドイツの決意というのは、大変なものだったと思います。日本はそこまでできないと思います。ドイツのように周辺国と信頼回復はしていませんし、海外派兵に反対する政治・外交の力は、ドイツ以上だと思うからです。

井筒 逆にいえば、今度の法案はそういう危険なところに自衛隊を送ることを抑止するというか、そういう奇妙な構造になっている。

伊勢崎　そうですね。「ドイツ並み」にする度胸は、安倍政権の面々からは感じられません。結局、この法案は何のためなのか。敵とその脅威を正しく見据え、それに勝利する戦略が一国の安保法制ですが、安倍政権のはアメリカへのジェスチャーでしかないと思います。

「対中国」に利用される陸上自衛隊

伊勢崎　今回の法案をみても結局、現場に送られた自衛隊だけが被害をこうむる構造になっています。それも「陸」ですね。陸上自衛隊が一番苦労する。PKOでも、グローバルテロリズムとの戦いでも、戦局は基本的に陸戦ですから。でも、安倍政権の安保法案の真意は「対中国」なわけです。アメリカとつるんで、ちょっと威勢を張りたい。それだけのもの（笑）。

井筒　それを言ったら、身もふたもない（笑）。

伊勢崎　「中国の脅威」に対して必要なのは、「陸」ではなく「海」と「空」なわけです。

井筒　そもそも尖閣には、国民が住んでいません。尖閣に上陸されたら、空と海から攻撃するのが現実的な対応です。陸上自衛隊がわざわざ水陸機動車をアメリカから買わされて、上陸作戦なんかやるのは、そもそも軍事的方式からみてもおかしい。

伊勢崎　井筒さんが自衛隊におられた頃に持たれた敵のイメージは。

井筒　対ソ連で、北海道の連隊が第一線でした。われわれの時はまず、普通科連隊が海外で活動しなければいけないということはまったく想定していませんでした。原則として専守防衛でしか武力行使をしない。行くといってもPKO五原則を踏まえてやるか、国際緊急援助隊で行く程度の認識でした。

今度は戦争という現場に出るんで、私は最低限レンジャー教育は受けてもらわないと、そもそも使いものにならないと考えています。そもそも同じ自衛隊員のなかでも、温度差が激しいんです。外に出ていく部隊と、そうでない部隊で。

伊勢崎　そうなんですか。

井筒　でも、これからはそうはいきません。これまでは富士の裾野にこもってやっていればよかったけれど、今は練馬（駐屯地）も、朝霞（駐屯地）も、市街戦をイメージして演習しています。アメリカとの合同演習も朝霞でやっています。そういう意味では、イラク戦争前のアメリカの突貫工事を思い出しますね。隊員を1カ月缶詰にして、そのまま現場に出しちゃうみたいな、そんなカリキュラムを一生懸命やっています。

ミッション優先で「そのときは殺しちゃいましょう」というマインドを、一般隊員が共通認識として持つくらいの意識改革、そして、それだけのトレーニングプログラムをやらないと、根本的に厳しい。「撃ってくるまで待つ」なんて、そんな悠長な状況ではありませんから。

「護憲派」と「条文護持派」

井筒　伊勢崎先生のお話を伺っていますと、今回の安保法制のような憲法解釈ではなく、憲法を改正しないといけませんよね。自衛隊の運用を国外でどうするのか、逃げずに議論しないと。

伊勢崎　PKO時代でも僕は多国籍軍を直接的に文民統括しましたからわかるんですが、個人的な意思が極限に制限されるのが、軍事行動なんです。その中で過失が起こったら、国家が責任をとるわけじゃなくて、個人の過失になり、犯罪になるわけです、日本の場合は。

井筒 そこが、自衛隊員と海外の軍人との根本的な違いなんですよね。

伊勢崎 「憲法を改正しなくてもできる」みたいに言う人がいますが、僕は絶対にできないと思う。法理が根本的に違う法体系をつくることじゃないですか、それって。

井筒 自衛隊そのものをどう位置づけるかという問題です。今までの専守防衛とはまったく違いますから。海外から今見られている軍隊という扱いを、国内でスタンダードにしないと。

伊勢崎 「条文護持派」という人たちがいますが、僕はちょっと違います。もう憲法に欠陥があると考えざるを得ない事態になっていると思うからです。小泉政権のときの海上自衛隊のインド洋(公海)派遣は、集団的自衛権行使の典型であるNATOのアフガニスタン「不朽の自由作戦」の下部作戦ですから、国際法からみたら、集団的自衛権の行使です。それを特措法(特別措置法)でやったわけです。日本国内の法理論義では違憲行為ではないということになっていますが、外から見ると完全に集団的自衛権の行使、つまり戦争への参加でした。国民にその意識のないまま戦争することほど、恐ろしいことはありません。もはや、9条と「運用」の乖離において「運用」を責めるには、限界がきているのではないか、と。

井筒 イラクのサマワへの陸自派遣ばかりが注目を浴びていましたが、空自はなにをやっていたかというと、兵器もアメリカ兵も輸送していた。戦争をしているのと同じです。

伊勢崎 9条は、限界に来ていると考えます。「自衛隊をなくすのか」というと、それをやる政治力は、実質、存在していません。共産党も認めているのですから。その部分で9条を改正すると言うと、「軍国主義に戻る」みたいな感情論が先行してしまう。

しかし、軍事組織というのは、その社会で最も殺傷能力のある兵器の独占を付託された集団ですから、これが一般法で統制されていいわけがない。軍という言葉をつけるか、つけないかの議論ではなく、民主主義の軍事組織として、その法的地位を定義するのです。

その上で、それを絶対外に出さない、とする。「国際紛争の解決に絶対武力を使わない」に国民の信を得たら、それを永久条項にすればいい。意見の違うところは、そこだと思います。僕は「条文護持派」とは違いますが、真の護憲派だと思っています。

任務が増えても、実績があるから安心?

井筒　現実的な対応を考えれば、自衛隊はすでに存在し、PKOを含めて活動しています。そして、国内でなにかがあったときには、武力行使をする。けれども外に対しては、PKOと国際緊急援助部隊だけにとどめる。あるいは伊勢崎さんがやられたような、DDRのような概念に特化した海外での軍事運用にとどめる。そのことを憲法で明確にする。
そしてアメリカには、基地をおいてあげるから、そのかわり海外に行くときは勝手に行って来い、と。あるいは憲法を改正して、国軍をつくって、アメリカ軍にもお引き取りを願って、徴兵制をしくのかわかりませんけれども、しっかり再軍備をして、周辺国はどう思うか別にして、独立国家としてやっていく。それくらい腹をくくって、国民的な関心事にしないといけないと思います。
伊勢崎　僕は安保法案に反対する陣営に組み込まれているんですけれども、これで廃案になって元に戻るというのが一番いけない。安保法制に関しては、マスコミはあくまで二項対立（賛成vs反対）を好むようですが、例えば、元自衛隊関係者の山口昇さん（陸将）や「ヒゲの隊長」こと佐藤正久参議院議員は旧知の間柄ですし、お互いにやってきたことを認め合っています。自衛隊員のことを思う気持ちは一緒。ただ、今回の法案に対して、「問題とリスクはあれど大筋では一歩前進」が彼らの言い分です。僕は「安保法制だけを廃案にして元の状態に戻るんじゃ意味がないけど、リスクは激増している」。これが、「現場の人間」を「賛成vs反対」に分ける真相ではないかと思うんです。

井筒　私も安保法制に反対する元自衛官の急先鋒みたいに言われていますが、単に賛成と反対だけの議論に終わってほしくないです。やるならちゃんと国民の信を問う形で、憲法改正から入って、戦争に対するアプローチをどうするのか、戦争をしたときの覚悟をどうやって国民一人一人がとるのか、そこを考えていかないと。

伊勢崎　この法案には反対するとして、自衛隊の法的な地位は、真正面に据えていかないといけませんよね。今は法案の違憲性だけが焦点になっていますが、安保法制だけが違憲じゃなくて、その前からやってきたことが、ずうっと違憲なわけなんですから。

井筒　違憲かどうかは、私はきちんと詰めたらいい話だと思います。ただ、こういう状況になったので、自衛隊をどうするのか、戦争にしろ、対テロにしろ、そこは考えていかないと。日本に紛れ込んだ難民が悪さをして、その時はこういう形で歯止めをかけるとか、国民を守るためにこういうことはするとか、ネガティブリストをきちんと日本は、看板に据えていくべきです。

伊勢崎　自衛隊を武装して出すなら、憲法を改正しないといけない。その一点しか言えないですよね。

ところが現実はそうじゃない。この間、旧知の遠山清彦さん（衆議院議員、公明党）とテレビで対談したんですが、彼は国際通ですから、そのことをちゃんと理解しています。でも、党の方針もあって、なんとなく居心地が悪そう。日本だけに通用する法理論議の積み重ねが、国際情勢と合わなくなってきていることを感じていても、「今まで自衛隊派遣で事故がなかったのは政府の管制能力の高さの証明。自衛隊の任務が増えても、今まで通りしっかりやるから大丈夫」。これしか言えない（笑）。

靖国問題にすり替える落とし穴

井筒　軍事作戦を立てる場合は、何パーセントぐらいは死んで、何パーセントぐらいは負傷して、この任務は達成するというシミュレーションをやるんです。「専守防衛ごっこ」でも、きちんと計画を立ててやります。「戦争をしにいって、四の五をいわず俺たちの正義や価値観を受け入れろ。でなければ殺す」。それを合法的にしていい集団が自衛隊ですから。

伊勢崎　そのとおりですね。

井筒　ところが現実は違う。国民の市民生活がまったく支障をきたしていないのに、なんで自衛隊員だけ、わけのわからないところに行って、ドンパチに巻き込まれて死んで帰ってこなければいけないのか。死んだ隊員と、その家族はもう悲劇的です。「だって自衛隊員でしょ」と社会的に片付けられ、自衛隊だけの問題みたいに終わっては、悲しすぎますよ。しかも、国内がテロの標的になるとか、そんな話になってしまうし。

伊勢崎　「自衛隊が勝手に行ったから悪いんだ」と言われます。

井筒　自衛隊員の死についても、靖国問題ともつながるような気がします。万が一の際、自衛隊員を戦死扱いにして、靖国神社に合祀するのか、しないのか。そうなると必ず、「うちはキリスト教だから、合祀してくれるな」みたいな話が出てきて、それを利用する人も出て、自衛隊員とその家族の中が分裂したり、またおかしな議論が芽ばえてしまう。

伊勢崎　たしかにそうでしょうね。「アーリントン国立墓地」は安倍さんが行ったたって、必ず花を捧げられるわけじゃないですか、国家元首としてね。靖国神社は天皇陛下もいらっしゃらない。そこに、自衛隊員を祀るんですか、と。

井筒　だったら、「千鳥ヶ淵戦没者墓苑」みたいなところに合祀するのか。アーリントンみたいに、まわりの国からもとやかく言われないような形にして、殉職した自衛隊員を祀っていくのか。たしかに大事な問題ですが、ただ靖国だけにこだわっているというのは変な話です。

アフガン敗戦から導かれた「COIN」

伊勢崎　そもそも軍事組織が「武装して出かける」ということは、戦時国際法の合法的な攻撃目標になることが前提です。９条を変えない限り、自衛隊を出せるわけがない。われわれが合法的な攻撃目標になるということは、戦争するということですから。もっと自衛隊の任務が増えて、いろんなことをさせようとしたときに、この議論に立ち返らない限りダメでしょう。

それなのに今の日本では、法曹界の人間も、憲法や戦時国際法をほとんど勉強しない。そんなこと勉強してもお金につながらないからです。それ自体はいいことなんです。戦争なんて気にせず来れたんですから。アメリカみたいに、戦争を日常茶飯事にやっているところとは違います。これは平和であったことの代償とも言えます。

井筒　弁護士資格のある自衛官って、いないんですよ。自衛隊の中でも戦時国際法だとか、戦争になったときに軍事法廷でどういう裁き方をされるかとかは、おざなりにしている印象を受けます。

伊勢崎　政治家もそうですし、外交官は、外交特権をもっているから、「関係ない」と（笑）。

井筒　将来を見据えてというわけではないんですが、遅かれ早かれ、いずれは出さざるをえないし、たぶん出すでしょう。出すならば、ちゃんと自衛隊の中にもそういう法律の専門家をきちんと入れて、その中での合法性とかを担保したうえで、人殺しをしてもらわないと。でないと、みんな大なり小なり、隊員たちは心が壊れてしまいますよ。

伊勢崎　アフガニスタンでは、アメリカのＮＡＴＯの司令部と一緒に武装解除をやっていましたから、彼らの戦い方の変化を見てきました。戦況は、基本的にうまくいっていないのです。だから、13年間というアメリカ建国史上最長の戦争を戦って、昨年２０１４年末に軍事的に敗走しました。グローバルテロリズムという敵が、軍事力で殲滅できる相手じゃないということを、アメリカ自身が証明したのです。

最初はみんな信じて疑わなかったんですね。絶対に勝てると思っていた。大統領は「この戦争は長引くよ」と言って、戦争を始めないですから（笑）。自分の任期の中で片付けられると思ってやるわけです。でも、勝てなかった。当然、アメリカは戦略の変更を迫られます。それが、２００６年のペトレイアス将軍による通称ＣＯＩＮ（Counter Insurgency）アメリカ軍陸戦ドクトリンです。

民政の充実。これしかない。社会の構造的暴力が溜まる場所、民衆を、過激思想が取り込んでゆくのです。それを防ぐには、Winning the warではなく、Winning the people。傀儡政権にちゃんとした国軍と、市民に信頼される警察を持たせる。でも、これは時間がかかる。でも大統領は、任期内の戦果にこだわる。全然うまくいかないんですよ。その間、テロリズムはグローバルなものに変貌していった。これは、もう地球温暖化対策みたいな形にしていかなければいけないのです。

井筒 それはわかりやすい例えです。

伊勢崎 アメリカは、同盟国に「自分のように戦え」と言える状況にありません。だって、まったくうまく行っていないのですから。だから、同盟国のほうも、〝主体性〟をもって、敵を分析し、戦略を試行錯誤し、独自のCOINを開発していった。ブリティッシュCOINとか、カナディアンCOINとか。べつにアメリカに従うわけではない。主体性のある国の集まりが同盟なのです。もちろん、アメリカもそれを良しとするしかない。

ノルウェーはまさにそう。兵は出していますが、タリバンなど、敵の懐ろに入れる素質がある。平和外交への実績がありますから。見事な「補完」です。そうした「総合力」で戦っているんですよ、同盟国というのは。アメリカの言うことを聞くというのは、同盟とはいわないです。ただの従属です。

「非戦闘地域」は基地の中だけ

井筒 伊勢崎先生の言葉はごもっともですが、日本の政治家はそう言いませんよね。「肩身が狭い」「国際社会から批判される」「日本は世界の孤児になる」と。

伊勢崎　私は、それは違うと思うんです。同盟国それぞれに得意なことがあるんです。「補完」です。例えば、海上自衛隊の哨戒能力、潜水艦を探す能力では、日本は世界一だそうです。アメリカはこれに頼っている。これが補完。アメリカが十分できることをやったって、補完とは言わない。弾薬を運ぶなんていうのは、単なる「下働き」でしかない。（笑）。

そして、アメリカが真に補完してもらいたいところを大っぴらに言うわけない。弱点ですから。同盟国が〝主体的に〟、そして粛々と、汲み取ってゆくのです。

井筒　一方で、日本は果たしてアメリカの同盟国といえるのか。日本は実は、アメリカの一つの州じゃないのか。国内政治も、防衛の方向性も、独立国家と呼ぶには疑問があります。それこそ、アメリカのコストカットのために、自衛隊を使うんじゃないかと勘繰りを入れたくなる。

現場でどれだけ本当に使えるのか。それは、戦争のスタートと一緒で、自衛隊も出してみないとわからないというのが、正直なところだと思うんです。僕が危惧するのは、「きちんと武器を託すのかなあ」と。ダミー用に自衛隊を走らせて、ちゃんと他の実戦経験がある国が行くとか……。日本の自衛隊は捨て駒のような、むごい扱われた方をされるような気さえします。

伊勢崎　まずPKOの世界では、先進国が部隊を提供するニーズは全くありません。でもお金の提供は必要です。それと、それを管制する能力の提供も。その意味でも、軍事監視団への派遣。これは、「安保理の眼」で、中立性が失われつつあるPKOに残された最後の部署です。非武装が原則で、少佐以上の軍幹部が行きます。軍人があえて非武装。僕らも武装解除の交渉で戦闘が続く現場に入るときには、必ず彼らを連れて行くわけです。つまり、非武装の軍人を武器として使うわけです（笑）。それで敵対勢力に受け入れられ、武装解除を説得できる。

井筒　紛争地にまたアメリカが行くようなケースが出て、日本もついていくことはないですか。

伊勢崎　オバマさんから政権が代わっても、アメリカが陸戦で消耗するような戦況は、もう政治的にも資金的にも無理でしょうね。陸戦は、現地の友軍の支援が主体になるでしょう。ただし、イスラム国を空爆したりして、彼らの領土拡大を防ぐことはやるでしょう。これから、イスラム国の領土はどんどん狭くなっていくはずです。自らの陸軍は出さないのに、現地の友軍に武器弾薬供給等の兵站を、日本にやれということは、外交上考えられないです。そういうニーズはないと考えたほうがいい。

こういう非対称戦では、民衆が普通に生活する市街地が戦闘地域なんですね。「非戦闘地域」というものがあるとしたら、それは、基地の中だけです。PKOの世界でもそうなんですよ。

井筒　非戦闘地域の定義自体、曖昧ですからね。

伊勢崎　基地というのは、とりあえず、兵士が枕を高くして寝られる場所をつくる。そういうことなんです。一歩外へ出たら、そこは危険度のグラデーションがある戦闘地域なんですね。しかも、そのグラデーションは日時、変化する。〝非〟などと、はっきり区別できるシロモノではない。だいたい、そういった情報を現場で働くNGOなどに与えるのが軍事組織です。戦闘地域になったからといって、軍事組織が先に逃げちゃったら、どうしようもないわけですね（笑）。船長と同じで、最後まで残って、NGOの安全を見届けるのが軍事組織なのですから。

国づくりに参画する覚悟が日本にあるか？

伊勢崎　今回の安保法制で拡大される自衛隊の「兵站活動」で、最も想定しやすい過去の事例が2007年に起きた「ブラックウォーター事件」（米民間軍事会社ブラックウォーターの社員がバグダッドで市民を殺害）です。民衆が普通に生活している市街地を軍事物資の武装運搬中、銃撃を受けたと勘違いして発砲し、イラク民衆17名を殺害してしまった。ブラックウォーター社は当時、多国籍軍の地位協定下にありイラク法からの訴追免除を受けていた。でも、「軍」ではないので、アメリカ軍法の統制下にもない。この事件は、明らかな戦時国際法違反ですが、裁く法がないということに、アメリカ自身が慌てました。現地社会の感情は収まらず、深刻な外交問題に発展しました。軍法のない日本の自衛隊は、法的には、このブラックウォーター社の傭兵とまったく同じ立場にいるわけです。日本の国内法で裁くとしたら、刑法の国外犯としてしかない。それも、「過失」として裁けない。つまり、国家の命令行動の中での過失を、個人犯罪としてしか裁けない。場所は戦場です。「法務部隊」があるアメリカと違って、日本の司法には、現地に行って立件・弁護する能力すらないと思います。

アメリカにとって、一番やっかいなのは、アメリカが批准していない国際刑事裁判所に訴えられることです。だから、アメリカは、支援している国に対して、アメリカ兵がなにをしても国際刑事裁判所には訴えないという確約をとります。イラクもそうですね。

同裁判所を批准している日本は、そんなことはできません。こういう事件が起きたら、現地社会に対して、「あなたたちの法律よりずっと厳しい、そしてずっと迅速に裁きを下せる軍法があるから許してね」と、言い訳するしかないのです。その言い訳ができない部隊は、多国籍軍の司令の立場からいえば、「使えない」のです。そして、その事件の汚名を一手に被るのは、日本政府ではなく、自衛隊個人になる。こんなバカなことがあって良いはずありません。

井筒　おっしゃっているような想定は、レアケースともいえますよね。ホームグラウンドテロのほうが、国際的にみても非常に確度が高いし、これから対処すべき一番重要な問題であるような気がするのです。であれば、むしろ海外へ出ていって、周辺がどこだとか、向こうの法律がなんだというよりも、ホームグラウンドで起こりうるテロに対して、どう対処するのかということを中心的に議論したほうがいいとはなりませんか。

伊勢崎　YESとNO、両方言えますね。日本の国防の観点からはおっしゃるとおりです。テロは絶対に来ますから。でも、NOの方は、果たしてそれだけでいいのかということです。つまり、イスラム国等のテロ組織の「領土」の拡大は、絶対に阻止しなければならない。

井筒　封じ込める。

伊勢崎　封じ込めるにしても、大規模なNATO諸国の陸戦の展開は無理で、空爆主体、ドローンや特殊部隊によるものになるでしょう。これは残念ながら、これからも継続しなければならない。それをやりながら、民衆がそういう過激思想を受け入れる土壌をなんとかしなければならない。アメリカの大統領の任期を超えた、そしてグローバルなタイムスパンでね。

イラクでなぜああなったかというと、アメリカがサダムを倒した後、スンニ派を完全に疎外する傀儡政権をつくったからですよ。それが猛烈な被害者意識の温床をつくってしまった。こういう構造を、根気よく是正していかなければならないのです。「占領者」アメリカがやりにくい、そうした作業をいかに日本が「補完」していくか。これは本気にやったら、自衛隊以外の日本人が死にますよ。その覚悟があるかということです。

「アメリカと同列でやる」という言葉の重み

井筒　軍事監視団みたいな、そういうところで戦略的に協力していくような、そういう体制は日本でもつくればいいいと思います。白兵戦をやって危険なところに人を送るよりは、もっと得意分野でやったほうがいいという議論には、ならないんでしょうか。

伊勢崎　それを戦略にしなければいけませんね。なんらかの形で戦わなければいけないわけですから。それが、COINです。アメリカの同盟国が、それぞれのCOINを生み出していったように、ジャパンCOINを。

井筒　そこの議論をしっかりしていかないといけないのに、委員会で質問をする野党のほうも、「死んだらどうする」「どこが戦闘地域だ」という質問ばかり。それはそれでちゃんと詰めなければいけない問題ですが、基本的な戦略的議論はしていない。

伊勢崎　国際貢献として捉える人もいますが、これは国防の問題なんです。例えば、福島第一原発の上に、なぜドームをかぶせないのか。薄いものでもいい。まず外から見えないように。小型ドローンで狙われたらおしまいですよ。建築学を学んだのでわかりますが、技術的には可能です。これこそ「国防」です。

井筒　自衛隊員とその家族には危機意識はあるでしょうが、「アメリカと同列でやります」と言った瞬間に、アメリカと同じ攻撃対象になり、戦争当事国になるくらいの意識を、日本の国民には持ってほしい。テロが国内なのか、国外の施設なのか、あるいは日系人までターゲットになるのか、それくらいのレベルの話ですから。

伊勢崎　記憶に新しい日本人の人質殺害事件といい、もうそうなっていますしね。

井筒　そもそも、イスラム国が本当に封じ込められるのかどうなのか。

伊勢崎　領土以外の拡大の封じ込めは無理でしょう。これはあきらめたほうがいい。

井筒　でも、それができると思い込んでいるような議論もある。逆にいえば、リアルに「封じ込めるのは無理だ」と。その前提でどうするのかという議論を真剣にしなければ……。

伊勢崎　対テロ戦の当初、まだ、アルカイダとタリバンの残党が、アフガニスタンとパキスタン国境の山岳地帯に集中していたころは、2、3発の大量破壊兵器を落とせばいいというような議論が、アメリカ軍の一部ではあったんですよ。国際人道法違反の調査も入りにくい場所ですから。

今ではもう遅い。世界中に拡散しています。これはアメリカ軍関係者が一番わかっていますね。通常軍備の増強は、何の抑止力にもならない。これが前提で戦略が試行錯誤されているのに、アメリカが「補完」とも思っていない、取るに足りない兵站活動が抑止力の増強だと信じている日本の政局。アホらしい。

概念だけで武力を拒否してはならない

井筒　先生は先ほど「民生部門こそ、日本は得意なんじゃないか」とおっしゃいましたが、民生というとすぐ企業とか、そういう感じのイメージになるんです。国連に行って経験を積んだみなさんがもっている分野で、民生とはどういうものなんでしょうか。

伊勢崎　それは、国際援助に分類されてしまうのです。なんかお花畑的な。でも、対テロ戦の戦場になっている国へのそれは、すごく真剣なものです。軍事作戦に直結しますから。ふつう国際援助には必ず「Conditionality 条件」を付けるんですね。さっき言ったイラクにおけるスンニ派の扱いとか、特定のグループに差別感と被害者意識をもたせないような強いアドバイスと監視をしながら援助をするやり方。そして、それでも対立構造がピークに達してしまったら、第三者として、敵対勢力の懐に入れる現地人脈の確保と維持。これが対テロ戦の軍事面をも左右するのです。これをやるには、まずその国を、社会を知らなければなりません。言語研究も含めて地域研究の国力を充実しなければなりません。インテリジェンス能力ですね。こういうと日本の左翼は警戒するんですが、そもそも9条の非戦主義を能動的に戦争回避に使いたかったら、インテリジェンス能力を高めるしかありません。

井筒　有志連合にしろ、同盟国にしろ、覚悟がないのに参戦して、日本が変な立場になるよりも、たとえ肩身が狭くても、紛争当事国に対してまったく無関係な国であるほうがかえっていいんじゃないか。そんなことを言う人もいます。卑怯な言い方かもしれませんが。

伊勢崎　そのためにもわれわれは戦略をもつべき。しかも、テロリズムと戦う戦略をね。

井筒　日本こそ、すぐれた戦略を持たないといけない。

伊勢崎　そうです。でも、日本は戦略を議論すると、「自衛隊を使うのか」の賛成・反対で思考停止してしまう。「敵」は存在するんです。人類皆兄弟では済まない敵が。だから、それと戦う武力は必要。

でも、武力〝だけ〟では勝てない相手であることも事実。そういう中で、日本は、アメリカの戦略にただ従うのではなく、アメリカの戦略が勝てないという現実をしっかり認識することからはじめなければなりません。アメリカの戦略の中の戦術論ではなく、日本が独自に考える、敵に勝つための戦略論です。

井筒　国際法もなにも通用しない相手とどう立ち向かい、打ってでるかという話ですね。従来のレベルをはるかに越える安全保障の議論が今まさに必要とされていると、あらためて認識できました。

〈安保法制と外交〉

対米従属からいまこそ自立すべき時

天木直人（元外交官）

あまき なおと

1947年山口県生まれ。外交評論家、作家、政治運動家。インターネット政党「新党憲法9条」発起人。

1969年、京都大学法学在学中に外交官試験に合格し外務省入省。同期に谷内正太郎、田中均、藤崎一郎。ナイジェリア大使館勤務を皮切りに8カ国に勤務、2000年大臣官房付、2001年より駐レバノン日本国特命全権大使。2003年、米国のイラク戦争を支持した小泉首相を批判する意見を具申したことで事実上解雇される。その後、2005年、小泉郵政選挙で首相の選挙区より対抗出馬するも落選。外務省の実態を告発した『さらば外務省！ 私は小泉首相と売国官僚を許さない』（講談社）ほか著書多数。

●聞き役●井筒高雄

「安保法制反対」の現役自衛官、出でよ！

井筒　元自衛官として、安倍政権の集団的自衛権行使容認や安保法制に、危機感を募らせています。これが通ったら、私の昔の仲間の自衛官も、国民も大変なことになる。何とかストップをかけたい。しかし、感覚的に危機意識をあおるだけでは止めるのは難しい。私はご案内のとおりレンジャー出身で体力には今も自信がありますが政策面では専門家の協力が必要です。特に語学が苦手で、外交問題は不得意科目ナンバーワン（笑）。そこで、元外交官の天木さんに舌鋒鋭くご教示をいただこうとお願いしたところ、こうして快諾をいただきまして、ありがとうございます。

天木　あなたが私と同じ〝戦友〟だと知って、これは受けないわけにはいかない、と。

井筒　〝戦友〟？　ああ、私が1993年のPKO法案に納得できず自衛官を依願退職したからですか。

天木　そうです。私も当時の小泉首相のイラク戦争支持に反対して外務省を解雇された〝失格外務官僚〟ですからね（笑）。ところで、「外交問題と安保法制」という本論に入る前に、私の自衛隊への考えを申し上げておきます。少々辛口ですがお許しください。

私は今の自衛隊には批判的です。というよりも正確に言えば自衛隊幹部に批判的です。戦争する覚悟もないくせに軍隊気取りで権力をむさぼる。それは兵隊を無駄死にさせた旧帝国軍の幹部と瓜二つです。日本の国や国民を守るために防戦してまっさきに死ぬ覚悟のある自衛隊なら感謝するし、尊崇すら覚える。しかし保身に凝り固まった幹部自衛隊は官僚と同じです。もちろんそうでない自衛隊幹部もいるでしょう。

しかし、そうであれば、今こそ彼らが職を賭して安倍首相の安保法制案に反対しなければウソだ。

そういう自衛隊幹部が一人も出て来ないところに、今の自衛隊の問題があります。

井筒　自衛隊の幹部についてのご指摘は、残念ながらその通りです。半田滋さんのインタビューで詳しく述べていますが、私たち第一線の叩き上げ隊員と防衛大出の使えない幹部のギャップは相当なものがあります。私が依願退職をしたのも、背景の一つにはその問題があり、今も改善されていないと思います。

天木　今度の安保法制案ほど自衛隊を軽視したものはありません。安保法制案に関する安倍政権の答弁を聞いていてつくづくそう思います。そして、このことを一番痛感しているのが自衛隊員ではないでしょうか。ここまで自衛隊を軽視した法案であるというのに、ただの一人も「おかしい」と声を上げる現職自衛隊員は出てこないのか？　という思いです

井筒　そうした動きにはかなりの圧力がかかります。20余年前、私がPKO法案に承服できず抵抗したときも陰に陽に圧力があり、弁護士を立ててようやく依願退職が成立しましたが、今は当時のよりも厳しいと聞いています。ですので、その辺はご理解をいただきたいと思います。とりあえずは、私のような元自衛官が声を上げる。それがやがて現役の〝決起〟につながるのではないかと。この本の狙いの一つもそこにあろうかと。

天木　もちろん現職の自衛隊員が反対することが、どれほど勇気のいることか、私にもよく分かります。この本が契機となって、ぜひともそういう自衛隊員が出てきてほしい。その人物こそ真の勇者で、真の政治家としてふさわしい人物だと思います。もし出てきたら、全力でバックアップしますから、新党憲法9条から国会議員になってもらいたい。防衛省の組織票で参議院議員となって無責任な言動

を繰り返す〝ヒゲの佐藤〟と国民の前で対決させてみたいと思います。

井筒　冒頭からなかなか刺激的な提案ですが、自衛隊および自衛隊員論は最後のまとめでしっかりやるとして、それでは私の不得意科目である「外交と安保法制」の本論に入っていきましょう。

最強の外交の基盤は憲法9条にあり

天木　まずは私の持論を申し上げておきます。日本の取るべき外交・安全保障政策とは何か？　唯一にして最強の外交・安全保障政策、それは憲法9条を世界に掲げた自主・平和外交しかない、ということです。

軍事力を背景にした強権的な外交はもはや通用しないことは歴史が証明しています。その意味で、冷戦時の米・ソ（ロ）はもとより、台頭する今の中国さえも世界の支持は得られない。これからの日本の外交・安全保障政策は、米国との軍事同盟一辺倒から、憲法9条、アジアの集団安全保障体制の構築、専守防衛の自衛隊強化という三位一体の政策を目指すべきです。

井筒　それは卓見ですが、安倍首相のスタンスはそれとは真逆ですよね。安倍首相が安保法制の根幹だと強調してやまない「日米の血の同盟」については、どう評価されますか？

天木　評価もなにも、はっきりいって「対米従属」そのもので、国益と国民の安全を損なう何物でもありません。安倍首相が米国民さえ拒否している危険なオスプレイ配備を唯々諾々と受け入れたことが紛れもない証拠です。米国は配備を決定した後で日本政府に通報してきた。それに対して日本政府は文句を言えない。なぜなら日米安保条約第6条（米軍基地受け入れ条項）の実施に関する交換公文では、事前協議は不要となっているからです。5月13日付けの朝日新聞も東京新聞も、オスプレイの配備によって沖縄の負担が軽減されることにはならない、それどころかオスプレイが日本全国を飛び回ることになり、日本中が危険になる、と書いています。まさにそのとおりです。

井筒　オスプレイの配備こそ「日米の血の同盟」の本質なんですね。

天木　かつて日米安保条約を日本に飲ませたダレス米国務長官は、日米安保の目的とは、米国が好きな時に、好きな場所に、好きなだけの米軍を日本に配備することだとうそぶいたそうですが、その言葉が、いま私の脳裏に甦ってきましたよ。

井筒　安倍首相のおじいちゃんの岸首相の時代から対米従属は続いていると。

天木　これはあまり知られていませんが、岸首相や当時の自民党の政治家たちは、まだ対米自立の気概があった。結果的には出来ませんでしたけれど。いまや戦後70年も経って、ますます対米従属が強まっている。安倍首相は安保法制という名の日米安保体制強化を日本の国会にはかる前に米国議会で公約して拍手喝さいを受けて帰って来た。これほど対米従属で、これほど国民をないがしろにした話はないですよ。

安倍首相の米議会演説の裏にユダヤロビー

井筒　米国両院議会での安倍首相の公約演説には私も愕然としました。それにしてもオバマ大統領との首脳会談だけならいざ知らず、あの小泉さんも叶わなかった日本の首相初の米上下両院合同会議の演説が、どうしてできたのでしょうか。

天木　とてもいい質問です。そこには、日本国民には知らされていない、安倍首相の対米従属路線を支える興味深い背景が隠されているからです。私がそれを知ったきっかけは、4月23日付け日経新聞「経済教室」に寄せられた、米ジョンズ・ホプキンス大学のケント・カルダー教授の論文です。そこで教授はこう語っているのです。

「オランダの『アンネ・フランク』家の訪問、その後のエルサレム訪問などにより、安倍首相がイスラエルに対し、融和的な姿勢を示したことは非常に賢明なことであった。これらに触発されて米議会は安倍首相に演説の機会を与えるに至った。現駐米イスラエル大使のロン・ダーマー氏自身に米上院共和党スタッフとしての勤務経験があったことや、共和党が外交政策に及ぼすのに熱心なことも影響があった」と。

これは物凄い暴露です。要するに安倍首相はユダヤロビーに頼って米国議会演説をさせてもらったと言っているのです。そうしたら、その2日後に各紙が小さく報じました。政府は24日、安倍首相の訪米日程を発表したが、その中には戦後70年を意識し、ナチス・ドイツによるユダヤ人迫害の歴史を示すワシントンのホロコースト記念博物館を訪問することが含まれているではないですか。

もはや間違いない。安倍首相は、歴史認識問題を、侵略したアジアへの謝罪を行なって克服するのではなく、日本とは無関係のホロコーストの被害者への共感をあらわして、米国において克服したということです。そこまでして米国議会で演説したかったのかということです。日本の首相を続ける資格はないですよ。

井筒　それは中東諸国を敵に回して、日本の外交バランスを偏らせることになりますね。国益毀損もいいところです。

天木　これは　ケント・カルダー教授の論文から私個人が気づいたことで、日本の新聞にはどこを探してもこの舞台裏を明かすものはなかった。ところがそれから2週間ほどして、5月10日の読売新聞が「訪米舞台裏」という検証記事を掲載したのです。それによると次のような経緯があったといいます。

安倍首相は昨年4月のオバマ大統領の来日直後から自らの訪米計画を練り、米議会における演説をその中核に位置付けて外務省に根回しを指示してきた。しかし良い感触は得られなかった。そんな中で1月19日夕、中東訪問中の安倍首相はイスラエルのホテルで米国のジョン・マケイン上院軍事委員長ら上院議員7人に率直にこう頼んだ。「議会で演説させていただければ光栄です」と。この依頼に対してマケイン氏は「是非実現させよう」と快諾。そしてその読売の記事は、興奮気味にこう結んでいます。政府が公表しなかったこのやりとりこそ、「首相のイスラエル訪問の最大の成果（首相周辺）」だったと。

これで完全にウラがとれました。

安倍首相の極右的な歴史修正主義に生理的嫌悪と倫理的軽蔑を感じているオバマの米国は、当初安倍訪米に乗り気でなかったが、官邸と外務省が必死で頼み込んで実現し、おまけに小泉首相でも叶わなかった議会演説まで目玉にさせた。これは一見して安倍外交の成功に見えますが、その裏で安倍首相はあらゆる政策で米国に譲歩しました。

それにしても読売新聞はなぜこのような舞台裏を明かしたのか。今度の訪米と米国議会演説の実現が、安倍首相の政治指導力のたまものだったと自慢したかったとすれば逆効果、「贔屓の引き倒し」でしかありません。これほど私欲にかられて、日本国民を危険にさらしかねない訪米と米国議会演説はなかったことを白状したようなものだからです。

対テロ戦でも米国から梯子を外された日本

井筒　たしかに、日本は米国のポチですが、当の米国はどうなんでしょう。素人目にも、日本が一所懸命尽くしているわりには、米国はつれないよう見えます。いや、それどころか、日本のことなんか真剣に考えていないように思えますが。

天木　このところ、オバマ大統領の「TPPは日本の市場開放のためだ」という発言や、カーター国防長官の「自衛隊を米国のために使うようにする」といった発言のように、日本に対するあからさまな本音の発言が目立ちます。かつての米国はこんなことはなかった。オバマ政権の米国が追い込まれているということもありますが、やはり安倍首相の日本を見くびっている証拠です。

もう一つ最近の例を挙げると、4月29日付けの読売新聞に紹介されていた、安倍首相の議会演説に期待するランディ・フォーブスという共和党下院議員の言葉です。フォーブス議員は次のような驚くべき本音を臆面もなく語っています。

「一つ明確なことは、中国は、日韓米の3カ国が強力な同盟でないことを喜ぶということだ。われわれはその逆が最も好ましい。彼らを成功させてはいけない」

まさしく日本と中国を離反させておくことが米国の利益だと言っているのです。これをストレートに読むと、安倍首相はそんな米国の思惑に見事に乗せられているということです。しかしさらに深く考えるともう一つの側面が見えてきます。実は安倍さんはそんな米国の日中離反政策を知ってか知らずか、自らの保身に利用するため進んで米国に迎合し中国と敵対しているのではないか。それが私の読みです。となると、安倍首相に中国との関係改善などできるはずがない、する気がないという事です。

井筒　安保法制に関わる対米外交問題で、とても気になるニュースがあります。最近、オバマ政権は米国人拉致事件への対応を見直し、人質の家族による身代金支払いを容認する事を決めたことです。

天木　私もこの米国のご都合主義には驚きました。「政府が身代金を支払わない原則は維持する」と強弁していますが、身代金を渡すことはテロに財政支援することになり思うツボだ、と言っていたのですから、やはり大きな方針転換です。国民の不満を聞かざるを得なかったということなのでしょうが、この豹変ぶりにはあきれるばかりです。

しかし、慌てるのは日本政府ぐらいです。なにしろ日本政府は、米国政府に「テロに屈するな」と言われて、あっさり国民の命は二の次にする世界でもまれな対米従属国だからです。

井筒　その命令に従って、日本政府が結果として後藤健二さんと湯川遥菜さんを見殺しにしたのは記憶に新しいところです。

天木　欧州などは、いくら米国がテロに屈するなと叫んでも、硬軟使い分けて弾力的に対応していますす。菅官房長官は6月25日の記者会見で日本の方針は変わらないと言っていますが、そんなバカなことはない。日本政府は国民の命を粗末にする非民主国家だと言っているに等しいからです。安倍・菅コンビは、仲間内では、米国に裏切られたとさんざん悪口を言っているに違いありません。そして米国から次に裏切られる可能性のある一番大きなものは中国をめぐる外交だと思います。ニクソンの突然の訪中もそうでしたが、今度は、さんざん中国の脅威を煽り、安倍首相に安保法制をつくらせておいて、米国は中国と軍事的に手を結ぶかもしれません。米国にとって当面の最大の敵は中東の反米テロですから、そのためには中国の協力は不可欠です。ずっと先のこととしては米中の軍事対決も有り得るかもしれませんが、予見できる近い将来は米中共存でしょう。

ＴＰＡ（大統領貿易促進権限）は安倍政権への逆風

井筒　ここまで話をうかがっていると、安倍政権の深まる対米従属路線で、日本はひたすら自滅の道を突き進んでいるとしか思えませんが……。

天木　そうなる前に安倍政権には退場してもらわなくてはいけない。もちろん、それには国民の自覚と行動が必要ですが。ＴＰＰ交渉もまた対米従属外交の典型です。そしてＴＰＰ交渉では新展開が見られます。

民主党の反対で先送りされるだろうと報じられていた、オバマ大統領に包括貿易交渉権を与える、いわゆるＴＰＡ（大統領貿易促進権限）が、6月26日に、米国議会で一転して可決されました。オバマ以上にこのＴＰＡ成立を心待ちにしていた安倍首相は、さっそく甘利明大臣に歓迎の発言をさせました。

しかし、このＴＰＡ成立は、必ずしも安倍政権にとって手放しで喜べるものではありません。あれほど国内産業に不利になると反対していた米国の民主党が、一部の議員とはいえ、賛成に転じて成立させた。ということは、とりもなおさずTPP交渉における米国の利益追求がさらに強まることを意味します。そして米国の圧力の標的は日本です。日本以外の国に対しては、国内の特殊事情で譲れないところは米国も大目に見る。譲歩しても影響は小さいからです。そして、他国もまた、自らへの圧力をかわすため、経済規模が最も大きい日本に焦点を当て、TPP交渉の遅れを日本のせいにする。かくして日本へ譲歩圧力が集中することになります。

安倍政権もTPP交渉妥結を唱えてきた以上、譲歩を渋って足を引っ張るわけにはいかない。しかし、ただでさえ日本国内に反対の声が強いTPPです。安倍政権がTPPに全面譲歩すれば、これまで鳴りを潜めていた反対の声が再び高まります。安保法制案や原発再稼働に対する反対に加えて、TPP反対の大合唱になれば、安倍首相はさらに追いつめられるでしょう。

佐藤首相の犯罪的裏切りと沖縄返還

天木　もう一つ、最近のニュースで安倍政権にとって逆風になるかもしれない出来事があります。5月9日夜に放映されたNHKスペシャル「総理秘書官の極秘記録　沖縄返還の全貌に迫る」です。辺野古移設問題をめぐって翁長雄志沖縄県知事が安倍政権に対して一歩も引かない政治状況の中で、絶妙のタイミングで放映された国民必見の番組でした。

この番組が衝撃的だったのは、楠田實という佐藤栄作首相の首席秘書官が残した沖縄返還交渉の極秘史実がはじめて明らかにされたことです。NHKがスクープドキュメントと銘打ったのも頷けます。

驚くべきは、在日米軍基地が日本を守るためではなく米国の戦争のためにあること、だから日本が米国の戦争に巻き込まれることを、佐藤首相自身も認めていたことです。それでも佐藤は、沖縄の「核抜き本土並み返還」が実現できるなら本土の在日米軍基地が沖縄の負担を引き受けてもいいと考えていました。もしそのような形で沖縄返還が実現していたら、良くも悪くも今日のような沖縄問題はなかったかもしれません。しかし米国はそれを認めなかった。佐藤は沖縄返還の実現のためにことごとく米国に譲歩し、密約までして沖縄の米軍基地を許した。それこそが佐藤首相の背信であり、今日の沖縄問題の淵源となっていることをNHKスペシャルは明らかにしたのです。

印象的だったのは、最後は譲歩したとはいえ、佐藤栄作は頑張った。そして、最後は譲歩したが、それに対する悔恨の思いを抱いて苦悶していたという事実です。ところが、その佐藤首相の甥っ子にあたる安倍首相は、そのどちらもない。沖縄問題を解決するために頑張ろうともしないし、悩んでいる様子もない。長期政権という自らの野心のためにただひたすら対米従属にひた走っているとしか思えません。

このNHKスペシャルがひろく国民の知るところになれば、もはや安倍首相の辺野古移設強行は、ひとり沖縄が反対するだけでなく、国民全体が反対することになりますよ。安倍首相はそれでも辺野古移転しかないと言い続けるかもしれない。しかし国民の怒りは、最後は、安倍首相と一緒になって辺野古移設は唯一の解決策であると主張するオバマ大統領の米国に向かうことになるでしょう。反米感情の高まりを米国はもっとも恐れます。米国はある日突然辺野古移設を断念すると言い出すかもしれません。このNHKスペシャルが、絶妙のタイミングで公開され、それが沖縄に味方するかもしれないと私が思った理由は、まさにそこにあります。それにしても安倍首相べったりのNHKがこのような番組をつくって流したということは、まだNHKの中にも良心的な職員がいるということです。そこにかすかな希望を見つけた思いです。

「中国脅威論」のまやかし

井筒　これで希望というか安倍政権の安保法制に闘う勇気がわいてきました。しかし、外交と安保法制の関係からいうと、いわゆる「中国脅威論」が気になります。安倍政権はさかんに中国の脅威を言い募って、一部世論にはそれに同調するところもありますが。

天木　今われわれが目撃している南シナ海をめぐる米国と中国の軍事的攻防ほど、世界の、そして日本の平和と安全にとって重要な出来事はありません。本来なら米中戦争に発展してもおかしくないほどの米中の批判合戦です。しかし、どちらもそれ以上の軍事的エスカレートは避けました。なぜか。

もはや米中は戦争の出来ない関係にあるということです。軍事力を強化して国益を実現する、あるいは百歩譲って国の安全を守る、そういうことはできないことが証明されました。

中国ははっきりと軍事施設の建設だと認めています。しかし、それは中国の領海内だから問題はないと主張する。しかし、この中国の態度は間違っています。軍事施設建設が、中国の領域内か外かということが問題ではありません。軍事施設を公然と建設し、周辺諸国や世界に対し、軍事的脅威と圧力を増大させているところが問題なのです。しかし、そのような中国に対し米国が文句を言える立場にはない。ましてや米国が軍事介入することはもっと問題なのです。そもそも米国は、自国の領域とはおよそ無関係の遠い世界の隅々にまで軍事基地をつくり、空母を巡回させ、世界を軍事的に制圧してきました。今回の中国の南沙諸島沖の軍事施設建設に、なぜ米国はここまで強く反対するのか？それは、米国の空母や潜水艦が自由にアジアの海域を行き来することが、牽制されるからなのです。

中国が軍事的に増長しているというなら、米国はとっくの昔に軍事的に増長し、しかも中国よりはるかに傲慢であり続けました。中国から言わせれば、米国は自分の縄張りである中東や中南米に専念していろ、それもままならないのに、アジアまで出しゃばるな、引っこんでいろ、ということでしょう。圧倒的な軍事力を誇る米国に、はじめてこういうことが言える国が出て来たのです。さぞかし米国は頭に来ているに違いありません。しかし、このまま行けば、米中間に不測の事態が起きる危険性は高まる一方です。結局、中国も米国も自制をせざるを得ないのです。

そんな中で、安倍政権は集団的自衛権行使容認の法改正を行ない、日米同盟強化を国是として猪突猛進しようとしている。愚かです。

遠い将来のことはわかりませんが、現実の問題として、近い将来に、米国が中国と事を構えることはありえません。米中はお互いに経済的には協力していかなければいけない関係にあり、特に中国はまだまだ国内経済を発展させていかなければならない状況にあります。ですからいくらお互いを批判し合っても、ある日突然和解して関係が深まることも十分に想定する必要があると思います。米中が和解に転ずれば、日本の出る幕はない。米中関係がどっちに転んでも、日本は馬鹿を見させられるのです。どちらの可能性が高いかと言えばもちろん後者です。米中はこれ以上軍事的緊張を高めることはない。9月の習近平主席の訪米で二国間関係の重要性が謳われると思います。

対中戦争を妄想する安倍首相は万死に値する

井筒　だとしたら、安倍政権の反中路線は逆効果ではありませんか。

天木　逆効果というより国益を損ねる愚かな外交です。5月2日付けの東京新聞で、半田滋編集委員が「日米防衛協力のための指針（ガイドライン）」に関する解説記事を寄せていますが、安倍政権の対中路線の危うさを見事に言い当てていて、私も同感させられました。

安倍首相の訪米直前に合意された日米防衛協力の新ガイドラインが中国の脅威を念頭に置かれていることはもはや周知の事実ですが、なんとそのような新ガイドラインづくりを日本側がもちかけたというではありませんか。

それに対して米国はどう応じたか。従来の米軍の関与を少なくする形で応じたのです。財政的余裕がない中で、日本が肩代わりしてくれるなら渡りに船ということもありますが、それだけではありませんでした。

半田編集委員によれば、柳沢協二元内閣官房副長官補の言葉を引用して、「中国との争いごとに巻き込まれたくない米国の本音が見え隠れする」と書いています。私も同意見です。

米国はみずから中国と戦う気などさらさらない。それなのに、中国との戦争にみずから飛び込んでいこうとしているのが安倍首相なのです。自らの誤った歴史認識が原因で中国から批判されているのに、それに逆ギレした安倍首相が中国の脅威をことさらに言いたてて、自衛隊を強化して中国に対抗しようとしている。

こんな馬鹿げたことはないが、米国にとってはこれほどの好都合はない。

中国との関係では脅威を煽っているのは日本だとおそらく米国は日本を悪者にしているかもしれない。その一方で日本に対しては、日本の対中包囲網を歓迎すると言っているのでしょう。そうおだてて日本のカネと、いざとなれば自衛隊の犠牲で、中国の軍事的膨張を牽制する、米国のお得意な二枚舌外交です。

尖閣問題に対しても米国は中立

井筒　尖閣問題についても同様のことが言えませんか。

天木　その通りです。尖閣問題について、安倍首相の応援団のくせにこんなことを書いていいのか、と目をうたがう記事を、読売新聞の一面に見つけました。それは4月28日の安倍・オバマ首脳会談直後の共同記者会見にふれた記事で、「尖閣領有権　米触れず」「日本要請で中立封印」という見出しの下で、およそ次のような要旨の記事です。

すなわち、これまで米国は尖閣の領有権については、「尖閣は日本の施政権下にある」と言うだけで、「領有権は日本にある」とは決して言わず、中立の立場を取ってきた。これに対し日本政府は領有権が日本にあることを米国が確認してくれるように求めてきた。そして、今回の訪米では共同記者会見で、これまでのように米国が中立的な立場であるという発言をしないようにと要請した。その結果、どうなったか。オバマ大統領は尖閣領有権に触れなかったのです。驚くべきは読売新聞が、だから安倍外交が成果をおさめた、米国は中立だと言わなかったという記事を書いているのです。しかもそれは、外務官僚の言っていることの受け売りであることを読売新聞は記事の中で認めています。

オバマが今度の訪米で「尖閣は日本のものだ」と明言してくれたのなら、安倍外交の成果と言えます。しかし、そんなことをオバマが中国との関係で明言するはずがない。あまり日本が執拗に尖閣のことばかり言うので、それではもう尖閣については一切触れないでおこうとなった、ただそれだけの話でしかありません。

それなのに、中立ということを言わなかったから成果だと強弁する。しかもそれをいまごろになってスクープのように書く。今度の安倍訪米が、いかに成果がなかったかを認めているようなものです。それどころかこの記事が教えてくれていることは、米国は「尖閣問題」については中国への配慮を優先し、決して日本の望むようなことは言わないという事実です。

日露関係も悪化の一途、国際的孤立を深める安倍政権

井筒　安保法制議論のなかで、半島有事と南シナ海ばかりが語られますが、ロシアとの関係も看過できないと思うのですが……。実は隠れた重要な外交テーマではないのでしょうか。

天木　もちろんです。見落としてならないのは、ついこの間まで安倍首相と関係がいいと喧伝されていたプーチン大統領が、安倍首相の訪米を機に一転して冷却してしまったことです。

実は昨年10月、世界の有識者との討論会でプーチン大統領はこう語っていました。「米国は自身を冷戦の勝者だと宣言した」「『勝者』と称する者が、自分たちの利益のためだけに、全世界を塗り替え

ようとしている」と。これはロシアが「冷戦の敗戦国」として扱われることを拒絶することです。これ以上ない米国に対する挑戦です。そんなプーチン大統領の強い決意を知ってか知らずか、安倍首相はよりによって米国議会演説で「日本は米国と共に、冷戦に勝利した」と胸を張って語ったのです。

朝日新聞の駒木モスクワ特派員は、「プーチンの実像」という連載記事でこうした経緯にふれた上で、「13年4月の安倍訪ロをきっかけに首脳間のパイプもつながりかけた。それが今、再び切れようとしている」と締めくくっているのですが、そんな生易しいものではない。

プーチン大統領は今度こそ安倍首相を許さないでしょう。安倍首相がもっとも誇らしげに語る米国議会演説こそ、安倍対露外交の一貫性のなさの行き着く先です。あれほどプーチン大統領との個人的関係を自慢していた安倍首相が、あれほど嫌っていたオバマ大統領に心にもなくすり寄って、プーチン大統領を敵に回したのは皮肉という他ありません。

すかさずプーチンは「反安倍」の反撃にでます。5月10日、モスクワで開かれた対独戦勝70年式典では、日本の軍国主義をナチズムとともに名指しで批判したのです。

これは靖国参拝にこだわる安倍首相にとっては、これ以上ないカウンターパンチです。

しかし、このプーチンのメッセージの深刻さを首相周辺は理解できていないようです。

5月11日のＴＢＳの番組「ひるおび」に出ていた外務省ＯＢの宮家邦彦氏が、モスクワで開かれた対独戦勝70年式典に出席した習近平の中国と、プーチン大統領のロシアが急接近していることについて、しょせんは弱い者同士の見せかけの歩み寄りであると切って捨てました。この宮家氏の発言をロシアと中国が見逃すはずがありません。ロシアと中国は、宮家氏が安倍首相の代弁者であることを知っています。

宮家氏のこの発言は事実関係として間違っているだけでなく、外交的発言として極めて不適切です。ロシアと中国が、いまの国際政治・経済状況の中で、弱者であろうはずがない。それに加えてロシアと中国の接近の戦略的重要性をあまりにも軽視している。

隣りにいたロシアの専門家が、すかさず、対独戦勝70年式典でプーチン大統領がドイツのナチズムと並んで日本の軍国主義を名指しで批判したことを挙げ、これは日本に対する決別宣言であると指摘しましたが、この認識こそ正しいと言わざるを得ません。

今の中国とロシアの関係は、ウクライナ問題でロシアを批判する米国に対するプーチン大統領の対決姿勢と、中国の軍事的拡張主義を批判する米国に対する習近平主席の米国牽制の利害が一致して歩み寄った関係です。たとえその接近が、真の友好関係の結果ではなく、現実的な打算の結果であるとしても、この戦略的な接近をあなどってはいけないのです。

プーチンは安倍首相に対する反撃を矢継ぎ早に操り出してきました。5月中旬、ロシアが9月に予定している対日戦勝70年式典を、なんと北方領土を含む千島列島で開くことを明らかにしたのです。これは「北方領土交渉取りやめ宣言」です。これによってプーチンは安倍決別宣言にダメを押しました。オバマ大統領に命令されてこれまでの対ロ外交をあっさり捨て去った安倍首相がみずから招いた結果です。

それにつけても、メルケル独首相のロシア訪問のニュースを聞いて思いました。一国の指導者として、ここまで器量が違うものかと。過去の歴史認識の違いのことを言っているのではありません。対ロシア外交の戦略の差について言っているのです。5月11日、メルケル独首相が訪ロしてプーチン大統領と会談、ウクライナ問題について話し合ったとマスコミが一斉に報じました。各紙の記事の中で私が注目したのは次のくだりです。すなわちメルケル首相はロシアが開いた対独戦勝70周年記念式典には先進7カ国（G7）首脳と共に欠席しましたが、一日ずらしてモスクワを訪れ、ロシア兵士の墓に献花、プーチン大統領と会って首脳会談を行なったのです。

なぜ安倍首相はこの手に気づかなかったのか。あれほどプーチン大統領との関係を重視してきたはずなのに、米国に睨まれて対ロ外交のすべてを止めてしまいました。ところが、メルケル首相は、「ロシアとの意見の相違は深いが、戦没者を共に追悼することは重要だ」と語った。ここまで言われれば米国も反対できない。プーチン大統領はさぞかし喜んだことでしょう。安倍首相も少しはメルケル首相にならって、米国に文句を言わせない戦略的な外交をしてみろと言いたくなるほどの見事な外交でした。

安倍首相の対ロ外交の迷走はさらに続きます。外交に行き詰まった安倍首相はそれでも対ロ外交をあきらめきれない。そこでプーチン大統領の年内訪日にこだわって谷内正太郎NSC事務局長をロシアに派遣したり、岸田文雄外相とラブロフ外相の早期会談実現に固執します。ところが米国はなんと反応したか。米制服組のトップである統合参謀本部議長に指名されたダンフォース海兵隊司令官は7月9日の上院軍事委員会の公聴会において米国の安全保障にとって「ロシアが最大の脅威だ」と言ったのです。中国よりも、そしてテロよりも、ロシアが米国の安全保障について最大の脅威だと言ったのです。そのようなロシアとの関係を安倍首相はまだ未練がましく進めようとしている。それでいて日米同盟は最優先で米国との信頼関係は揺るがないと言っている。ここまでくればもはや読み違い外交というより独り相撲です。

日本は米国には搾り取られ最後は捨てられる

井筒　安倍政権が〝義絶状態〟なのは中国とロシアだけではありません。北朝鮮との関係も芳しくありませんよね。

天木　核開発をどんどん進め、ミサイル発射を繰り返し、現職の国防相を高射機関銃で処刑するような金正恩の北朝鮮と拉致問題を進めることはもはや不可能です。しかも安倍政権はついに朝鮮総連の強制捜査、逮捕に踏み切った。どう考えてもこれで北朝鮮外交は凍結です。

金正恩にしてもプーチンにしても、ついこの間まで安倍首相と関係が悪くないと喧伝されていたのに、一転してここまで悪化してしまった。

安倍首相が韓国や中国との関係を悪化させたことは言うまでもありません。なにしろ韓国の国会は安倍首相の歴史認識を名指しで批判する議決を採択したくらいです。そして、中国は安倍首相の靖国参拝や村山談話否定で、徹底的に安倍政権を追いつめている。要するに、最も重要な国々との関係がすべて行き詰まっているということです。

中国にもロシアにも南北朝鮮にも敵視され、肝心の米国には搾り取られて最後は捨てられる。そんな安倍外交にもはや活路はないのかもしれません。

見方をかえれば、急速に展開する世界情勢は、日米同盟基軸という「信仰」がすでに時代遅れになりつつあることを示しているのです。時代の大きな流れに気づかず、それどころか逆らって突き進む独りよがりの安倍外交は危なくて見ていられません。

問題は読売新聞を筆頭としたこの国のメディアが、政府内部の者でさえ認めているそのような安倍外交の危機的状況を国民に知らせないことです。このままいけば安倍外交の下で日本の国際的地位はどんどん低下していく。安倍訪米の礼賛報道一色の裏で、日本はどんどん米国に利用され、捨てられていくでしょう。

井筒　では、そんな絶望的状態の中で、日本の外交はどうすればいいのでしょうか。

天木　冒頭でも私の持論として申し上げましたが、憲法9条を掲げた日本だけが、軍事的覇権主義を正しく批判できるのです。正しい外交・安保政策が行なえるのです。憲法9条の精神は実は国連憲章の精神でもあるのです。確かに国連が果たす平和維持機能は、もはや死んだも同然です。しかし国連は厳然と存在し、それに代わる世界をつなぎとめる国際組織はありません。国連加盟国は増え続けています。そして、そのほとんどの国が軍事覇権国家の横暴に反対です。つまり憲法9条の精神は世界の国々に支持されているのです。いまこそ日本は、それら諸国の先頭に立って、憲法9条を世界に高々と掲げるときです。これほど強く、正しい、外交・安保政策はありません。そしていかなる軍事覇権国家も、つまり米国を中心としたNATO諸国も、ロシア、中国も軍事力に頼って国際政治に影響を与えるようなことをしていれば世界の支持を得られないということなのです。

日本の取るべき外交と自衛隊

井筒　今回の安保法制で、私が一番納得がいかないのは、重要な当事者である自衛隊および自衛隊員がどうなるのかがまともに議論されず、自衛隊がカヤの外におかれていることです。天木さんは、この安保法制議論を契機に自衛隊はどうあるべきだとお考えですか。

天木　これからの日本の安全保障政策は、米国との軍事同盟一辺倒から決別し、憲法9条、アジアの集団安全保障体制の構築、専守防衛の自衛隊強化、この三位一体の政策を目指すべきです。

そこからおのずと自衛隊の今後の在り方が導き出されます。すなわち、それは米国の戦争の従属者としての自衛隊から、専守防衛の自衛隊であり、そのために正しく強化された自衛隊を目指すべきなのです。よく自衛隊は軍隊か軍隊でないか、自衛隊は合憲か違憲か、などというためにする議論が行なわれます。しかしこれほど不毛な議論はありません。海外から見ればもはや自衛隊は立派な軍隊です。しかし自衛隊はその成立過程からみれば世界で例のない日本固有の軍隊であり、あくまでも自衛のための自衛隊なのです。そして自衛隊は憲法9条ができたときは存在しなかった組織であり、それを合憲か違憲かと抽象的に議論するのではなく、憲法9条も認めているとされる自衛権の範囲にとどめる専守防衛の自衛隊が厳守されればそれは合憲であるのです。

つまり自衛隊が合憲か違憲かという問題は、自衛隊を合憲の組織にとどめるのか違憲なまでに拡大するのかという政策判断であるのです。だからこそ私は違憲である日米同盟下の自衛隊から専守防衛の自衛隊に変えなければいけないと主張しているのです。専守防衛に徹し、あくまでも憲法9条の範囲内にとどめた自衛隊であれば、軍事強化を進めても合憲であると思います。

専守防衛に徹するという私の考えに従えば自衛隊の海外派遣はたとえ平和活動であっても認めるべきではありません。自衛隊は対外的には軍隊です。軍隊による国際貢献はそれ自体が矛盾であり、専守防衛の憲法9条下の自衛隊と矛盾します。国連の平和維持活動に自衛隊が参加しなくても国連憲章には矛盾しません。国連への貢献は、それぞれの加盟国が国内法の許す範囲で貢献すればいいのであって、日本の自衛隊が憲法9条の精神に基づく自衛隊である以上軍事貢献はできない、そのかわり日本は日本のできる分野で平和に貢献すると世界に宣言すれば、世界がそれに理解を示さないはずはありません。そして憲法9条を世界に誇る日本は世界の平和に貢献できる非軍事的な分野を多く有しています。それこそが積極的平和外交なのです。安倍首相の言う集団的自衛権行使を容認した積極的平和外交の対極にある外交ということです。世界の平和維持に果たす国連の限界が露呈し、いまや国連の平和維持活動はもはや有志連合による軍事活動と化し、その正統性は限りなく疑わしくなっています。その意味でも日本の国連貢献は考え直さなければいけません。

同時に、日本をよく守る自衛隊の実現のために、自衛隊は装備を含め、あらゆる面で根本的に改編する必要があります。多くの軍事専門家が認めているところですが、自衛隊は日米同盟という対米従属政策の下で、長年にわたり改編され、いまや完全に米国の従属物となっています。軍事政策はもとより装備も指揮命令も、なにもかも米国軍の下にあります。これでは真の意味で日本を守ることはできません。自衛隊の士気もあがらない。士気の上がらない組織ほど弱いものはありません。

一方で専守防衛の自衛隊といえども戦争の覚悟は必要です。まさしく日本が攻撃されたときは国民を守るために命をかけて戦う覚悟がいります。戦争を語ることをタブーにする絶対平和主義者では、敵が日本を攻撃して来たときには国を守れない。そのような自衛隊が国民の共感を得ることはできません。

そのためにこそ、前に掲げた自主・自立した安全保障政策が必要なのです。米国の戦争に巻き込まれて命を落とす自衛隊であってはなりません。安倍首相の唱える集団的自衛権行使容認とそれを可能にする安保法制案が間違いなのは、まさにそこにあります。したがって自衛隊は真っ先に安倍首相の安保法制案に反対しなければいけません。

重ねて言いますが、専守防衛の自衛隊を合憲と認める私は、自衛隊を強化して事実上の軍隊組織にすることを絶対認めないという立場ではありません。しかし、その大前提として専守防衛に徹した、自国を守ることを最優先にする自衛隊に作り変える必要がある。当然のことながら、それは国民の合意の下に、日米同盟からの自主・自立した自衛隊でなければいけません。

井筒　いきなりは無理にしても、私も、アメリカに追従する自衛隊ではなく、日本国民のための自衛隊をめざすべきだと思います。安倍政権からの攻勢をむしろそこへ向けて反撃・反転するきっかけにすべきだと。

安保法制にどう対決するか

井筒　さすが外交問題のプロフェッショナルならではのホットな話題で、議論はつきませんが、最後に外交問題に限定をせずに、天下の悪法である安保法制にどう対決するか、天木さんの忌憚のないご意見をうかがいたいのですが。

天木　安保法制法案を審議する5月27日の衆院特別委員会をテレビで見ました。いまの国会は茶番だとさんざん批判している私が、なぜ私がこの特別委員会を見たかと言えば、常日頃私が考え、そして書いてきたことを、この目と耳で確認したかったからです。そして私は自分の正しさを確信しました。わずか一日の審議で、安倍安保法制案の破綻が明らかになったからです。

この程度の野党の質問でさえ、安倍首相は何一つ、まともに答えなかった。それは、はぐらかしたのではない。答えられなかったのです。なぜか。安倍首相が答えられない唯一にして最大の理由は、戦争をすることになる集団的自衛権の行使容認をみずから強行しようとしているのに、人を殺し、殺されることへの覚悟がないからです。覚悟もないのに戦争法案を通そうとする。この意気地なさ、自己矛盾こそ、安倍首相の致命傷です。第一次安倍内閣のときに敵前逃亡して政権を投げ出しただけのことはあります。

野党は安保法制案を潰したいなら、この安倍首相の覚悟のなさと弱腰と矛盾を徹底して追及すべきです。繰り返し、繰り返し、同じ質問を続けるだけでいい。同じ馬鹿な答えを安倍首相にしゃべらせばいい。そのうち安倍首相は自己破綻するでしょう。ブチ切れるか、自らの誤りを軌道修正せざるを得なくなるか、どちらかです。どっちに転んでも安倍政権は深刻な事態に追い込まれることになります。

究極のシナリオは小泉元首相が安倍倒閣に動くことである

井筒　それでもなお安倍政権の支持率は高い。だからといって座して自壊を待つわけにはいきません。

手をこまねいて共倒れになっては元も子もありません。天木さんに、何か起死回生の具体的策はありますか。

天木　このインタビューに応じている（7月中旬）時点では安保法制の帰趨はまだはっきりしていません。しかし、安倍首相が強行採決してもしなくても、安倍首相は非常に厳しい状況に追い込まれるでしょう。

しかし、私には安倍首相に代わる政権がどうしても見えてきません。いくら安倍政権が支持率を下げても、安倍首相がみずから退陣することはあり得ません。それでは自民党内部で安倍首相に代わる人物が出てきて、自民党内部での党首交代があるかといえば、いまの自民党にはそのような人物も、そのような動きを見せる勢力も見当たりません。だからと言って政権交代が起きるかと言えば、もっと可能性は低い。いまＳＥＡＬＤｓという学生を中心にしたデモが急に拡がり、その帰趨が注目されていますが、たとえそのようなデモが広がっても、それが政治に直接影響を与えるようにならなければ安倍政権は倒せません。仮に世論の反対の声が強まって安倍首相が解散・総選挙に追い込まれても、野党が選挙で勝てる保証はありません。政治の場では安倍政権を倒すという一点で野党協力ができないと選挙には勝てないし、もし自民党が議席を減らしても政権交代ができる政治状況にはならないからです。ですから日本の政治はますます混迷し、弱体する危険すらあります。

それではどのような政治状況が起きれば面白いか。それは小泉純一郎元首相が動き出して9月の自民党総裁選で安倍降ろしが起きるときです。彼の政局を読む勘がいまでも健在なら、そう判断するに違いありません。みずから引退するときに私は親バカだと言って次男の進次郎に世襲させた。そこまで親バカを認めたわけですから親バカついでにいまこそ進次郎をたきつけて総裁選に立候補させ、若手自民党議員の票集めに親バカぶりを発揮すればいいのです。キャッチフレーズはズバリ「自民党を取り戻す」です。いまや安倍首相が国民の支持を失ったことは明らかです。しかしだからといって国民は野党を選ばない。野党がダメだというだけではなく、国民の多くはもはや民主党が再び政権を取ることを許さないのです。ましてやその他の野党に政権を任せるなどということはあり得ません。自民党が正しくなればそれでいいのです。具体的には進次郎が安保法制案の廃案宣言をすればいい。あんなものなくても日米新防衛ガイドラインがあれば日米同盟は揺るがない、改憲など愚の骨頂だ、と。

日米同盟さえ正常な形なら憲法9条はあったほうがいい。米国が憲法9条に文句をいうはずがない。辺野古移設については米国と再交渉をすると宣言するのです。米国の抑止力は、辺野古移設でなくても、いくらでも確保できます。財政負担さえすれば米国に不満はありません。中国や韓国との関係改善は、もともと自民党の基本外交方針です。それに戻ると宣言するのです。

何よりも脱原発を宣言する。いますぐ原発をなくす必要はない。新エネルギー政策に舵を切ればいいのです。これは小泉純一郎のあらたなマニフェストです。そして、福島の被災住民の救済と、福島の真の復興を最優先課題に掲げる。これは復興担当を安倍首相から任された小泉進次郎が熱心に進めてきたことです。安倍首相の自民党では危ないと感じ始めた若手自民党議員の多くは小泉進次郎につくでしょう。おろかな安倍首相につき合わされてうんざりしていた官僚は、小泉時代を懐かしく思い出し、大喜びで小泉親子について行く。

そして決めゼリフはこうです。「安倍を作ったのは俺だ。安倍に引導を渡すのは俺しかいない」。

自民党総裁選は一気に盛り上がり、世論は再び小泉フィーバーに湧く。小泉親子がこれだけの政策を打ち出せば多くの国民は納得するでしょう。そうなれば、小泉純一郎の嫌いな左翼野党の出番はない。このシナリオを小泉純一郎が気づかないはずがないと思うのですが。もし小泉純一郎がその通りに動くなら、私は今度こそ小泉純一郎に脱帽します。はたして自民党はどう動くでしょうか。9月末の自民党総裁選まで、まだ十分に時間はあります。

井筒　冒頭で、「現役自衛官よ、決起せよ！」の檄には驚かされましたが、最後の提案も実にサプライズで刺激的でした。おかげで体育会系の頭が大いにリフレッシュされました。私なりに粘り強く頑張ってまいります。

〈安保法制と経済〉

TPPと戦争法案が結びつくと経済沈没

植草一秀

（エコノミスト）

うえくさ かずひで

1960年、東京都生まれ。東京大学経済学部卒。大蔵事務官、京都大学助教授、米スタンフォード大学フーバー研究所客員フェロー、早稲田大学大学院教授などを経て、現在、スリーネーションズリサーチ株式会社=TRI代表取締役。金融市場の最前線でエコノミストとして活躍後、金融論・経済政策論および政治経済学の研究に移行。現在は会員制のTRIレポート『金利・為替・株価特報』を発行し、内外政治経済金融市場分析を提示。政治情勢および金融市場予測の精度の高さで高い評価を得ている。近著に『日本の奈落』（ビジネス社）など。

●聞き役●井筒高雄

安保法制とＴＰＰは対米従属のセット

井筒　今回の安保法制は、まず防衛の現場からみて、大いに問題ありです。むしろこの国の守りを危うくすると。ついで自衛官をやめた後に地方議員をつとめた私の経験からすると、政治的にも危ない。なにしろ憲法が踏みにじられるのですから。さらには、庶民の生活に関わりのある経済にとってもいいことはないのではないか。ないどころか悪い効果をもたらすのではないかという気がしてなりません。そこで、エコノミストの植草先生に、そのあたりを中心にじっくり伺おうと思います。

植草　こちらこそ、よろしくお願いします。私がまず指摘したいのは、安保法制とＴＰＰ（環太平洋経済連携協定）はセットとして考えるべきだということです。いずれも日本が米国の軍事、外交、経済戦略に従属し、これまで以上に日本の植民地化が進められていきます。

どういうことかといいますと、安保法制は軍事面では地球の裏側まで米軍を後方支援できるようにし、ＴＰＰは経済面で米国の市場拡大に協力するというかたちで支えとなります。この背景には、アジア太平洋地域で中国が軍事、経済両面で著しく台頭していることに共同して備えるということがあります。

そのことを象徴的に示したのが、２０１５年4月29日、安倍首相が初めて上下両院合同会議で行った演説です。第一次安倍政権のときはなかったもので、安倍首相は欧米では戦後体制を否定する「歴史修正主義者」（リビジョニスト）と批判されている負のイメージをなくそうと張り切っていました。

訪米前から入念な準備を行ない、45分の演説は決して流暢でない英語でやってのけました。国賓待遇ですから日本語でやればいいのにもかかわらずです。日米関係のこれまでを振り返り、しきりに「おともだち」の意義を強調し、結びでは著名な歌手、キャロル・キングの歌「君には友達がいる」まで引用、「私たちの同盟を希望の同盟と呼ぼう。一緒ならきっとできる」と訴え、オバマ大統領を持ち上げました。

この演説の狙いについて、「強い日本は米国の利益であり、強い日米同盟は地域と世界の利益であるという点に尽きる」と後に語っています。このことは、安倍首相が「国家安全保障戦略」のなかで、「わが国の平和と安全は、わが国一国では確保できず、国際社会もまた、わが国がその国力にふさわしい形で、国際社会の平和と安定のため一層積極的な役割を果たすことを期待している」と明記していることに通じます。つまり、「一国平和主義」を捨て、「積極的平和主義」に日本を変えていく決意を宣言したものと言えます。

安倍首相がこのようにいわば迎合するように使った「積極的平和主義」という持論は、米国とともに世界の平和と安定の確保に貢献することを通じて、日本の平和と安全のための抑止力が高められる、という彼なりの「抑止力理論」に基づいたものです。「米国が日本を頼りにできなければ、日本は米国の友達とはいえない」という安倍首相の発言が示すように、いささか情緒的な米国頼みが血肉となっているようです。

果たしてこれでいいのでしょうか。後藤田正晴氏（中曽根内閣の官房長官）はその著書『日本への遺言』（毎日新聞社刊）のなかで、「戦後60年をふりかえってごらんなさい。アメリカぐらい戦争をしている、あるいは海外派兵をしている国はありません。朝鮮戦争からベトナム、中東戦争と毎年どこかで戦っている。これにね、いつまでお付き合いできますか」と米国の戦争と一体化する危険性を説いています。

元防衛庁長官の山崎拓氏は「安倍首相の使う積極的平和主義の積極的とは、軍事力の活用にあり、従来の軍事力に頼らない平和主義とは真逆の路線である」と喝破しています（『サンデー毎日』）。

民主党の北沢俊美・参議院議員（元防衛大臣）も2014年4月、国会の代表質問で積極的平和主義について「どうも胡散臭い。なぜならば国家主義、軍事力への憧憬、中韓近隣諸国との関係悪化、側近の失言繰り返しがあるからだ。外交・安保に必要なリアリズム、忍耐、歴史への洞察力、心に響く誠実さが欠落している」と、安倍首相を舌鋒鋭く批判していました。北沢氏は鳩山内閣の防衛相として普天間の県外、国外移設にまったく協力せず、鳩山政権を破壊した「戦犯」の一人ではありますが、この発言自体は正鵠を射ていました。

安倍首相があえて対米公約した裏には、国内向けに安保法制の成立に賭ける自らの強い意志を内外に示し、ある種の縛りをかける狙いが読み取れます。同時に、野党の抵抗を封じ、与党内部の結束を固める狙いもあったわけです。

しかし、安倍首相のこうした強い思い込みで、日本が戦後70年間守ってきた「専守防衛」の国是が無残に捨てられるのを黙って許すわけにはいきません。長い間米国が果たしてきた「世界の警察官」の役割を肩代わりする自信も能力も日本は持ち合わせていないからです。

米議会演説のハイライトは、安保法制について「夏までに成立させる」と約束したことに尽きます。日本の行方を左右する重要な法案について国会にまだ提出もしていないのに、米国に対して成立を約束する、いわば「国際公約」で、極めて異例であり、あきれた行為にほかなりません。まさに植民地が宗主国に平身低頭するようなものです。

安倍首相は、過去に「日米新時代」を掲げて訪米した母方の祖父、岸信介首相を強く意識していました。岸首相は、米国に従属しながらもいずれは自立を果たしたいと念願しており、その第一歩として日米安保条約の改定を目指したとの見方があります。

それまでの安保条約は、日本が基地を提供するが米国が日本を防衛する義務をもたない片務性で、新たに第5条をつくり双務性、つまり米国が日本の防衛に参加できるよう改めたのです。不平等条約を改めたと意気込んでいた岸首相の背中を見て育ったという安倍首相は、岸首相のDNAの影響が強く、自らも日米同盟を強固にするため、海外でも米国とともに戦える「普通の国」にしたいと考えたのでしょう。

安倍首相は今回の訪米に合わせて「日米防衛協力の指針（ガイドライン）」を正式合意しました。今回が3代目となる新ガイドラインは、自衛隊と米軍の役割分担を決めた政府文書で、自衛隊と米軍が敵国から攻撃された場合、どのように戦うかなどを明記しています。いわば実戦向きの業務マニュアルで、何よりも目立つのは、集団的自衛権の行使が明記され、具体的に中東・ホルムズ海峡のシーレーン（海上交通路）確保のため機雷掃海が盛り込まれたことです。中国の海洋進出が念頭にあるだけでなく、地球規模での米軍後方支援も可能にしました。

井筒　過去のガイドラインと今度の新ガイドラインはどういうふうに違うのですか。

植草　1978年に最初のガイドラインがつくられました。当時は米ソの東西両陣営が対立する冷戦時代で、ソ連軍の軍事侵攻を念頭に「日本有事」に対応する枠組みづくりが中心で、自衛隊は米軍に便宜供与します。次にガイドラインが改定されたのは、1997年、冷戦終結後で北朝鮮が核・ミサイルの開発を進めたため、朝鮮半島有事への対応が軸でした。このとき、日米協力として、従来の日本有事に加えて、周辺事態を追加し、米軍への後方支援ができるようにしました。そして、今回のガイドラインでは新たに「3カ国、多国間」の安全保障と防衛協力の推進、強化が加わったのが特徴です。つまり、自衛隊の活動が対米協力にとどまらず、豪州やフィリピンなどにも拡大、文字通り、米国の世界戦略に組み込まれたわけです。安保法制を見事に先取りしています。

ガイドラインは政府間の取り決めで、ひとつの基準であり、国際法に基づく条約とは違い、国会の承認が必要ではありません。しかし、これまでの法律で規定していない集団的自衛権の行使容認や地球規模での米軍支援が合意事項のままでは法治国家としてはおかしいと、安保法制の成立で新ガイドラインを裏付けようとしたわけです。

安倍首相が前のめりに安保法制の成立に突き進む背景には、米国の軍事、外交、経済戦略の転換があることを無視するわけにはいきません。米国は伝統的に「大西洋国家」として位置づけられてきましたが、オバマ大統領は2011年11月、アジア重視の「太平洋国家」になることを表明しました。アジア太平洋に重心を移す「リバランス（再均衡）政策」をとることで、南シナ海で勢力の拡大を急ぐ中国を強く意識しています。

中国の台頭やサイバー分野、相変わらずの北朝鮮の核・ミサイル危機など安全保障をめぐる環境の変化が、戦略転換の背後にあり、そのさいの有力なパートナーとして同盟国の日本が位置づけられているわけです。

井筒　２００１年９月11日に起きた米国の中枢同時テロ事件後、テロとの戦いを、日本にできる範囲で肩代わりさせる狙いも米国にはあったようですが。

植草　安倍首相はテロ対策について、「人質事件はどれだけ時間がかかろうとも、国際社会と連携して犯人を追い詰め、法の裁きにかける」と勇ましい発言を繰り返しています。しかし、海外での活動に駆り出される自衛官の苦労は大変です。

自衛隊の任務が拡大したケースを振り返りますと、▽インド洋で給油活動（２００１年10月、テロ対策特別措置法による米軍の後方支援）▽陸上自衛隊がサマワで人道復興支援。航空自衛隊は輸送機で多国籍軍の物資輸送（２００３年７月、イラク復興支援特別措置法による）▽ソマリア沖で海上自衛隊が海賊対処。武器使用の要件緩和（２００９年６月、海賊対処法による）▽邦人の陸上輸送が可能に（２０１３年11月、自衛隊法改正による）——となっています。

井筒　日本が米国に従属する例としてよく指摘されるのは「責任分担」です。とくにカネの面では負担の重さが言われます。エコノミストとしてご意見をお聞かせ下さい。

植草　敗戦後の日本は、「軽武装」に徹し、米国の軍事力の庇護のもとにあります。日米安保条約では、米軍に基地を提供するだけでなく、駐留経費を「思いやり負担」しています。２０１４年度でその額は１８４８億円です。１９９１年の中東・湾岸戦争では、多国籍軍に対し１３０億ドルの財政支援をしましたが、「小切手外交」と批判されました。金だけではなく、血と肉と力を提供することが重視されて、その後、ＰＫＯ（国連平和維持活動）の人道支援活動や、テロ特別措置法で機雷掃海派遣などを行なってきました。

米国の軍事費は、2014年で全世界の34・3％を占めており（ストックホルム国際平和研究所調べ）、日本の2・6％とは段違いです。米国の産軍複合体が仕切る軍事費で、最近もオスプレイ（垂直離着陸輸送機）17機の緊急購入が日本に求められました。このオスプレイは「未亡人製造機」の異名をもつほど事故率が高いことで知られています。米国防総省によると価格は総計3600億円です。

国益優先するTPP、主権失うISD条項

井筒　TPPが日本の主権を侵害するとはどういうことですか。

植草　TPPは、米国はじめ日本、豪州など12カ国が交渉に参加しています。他国間で貿易自由化のためにお互いの関税を引き下げるのが目的です。日本では農業ばかりに関心がいっていますが、医療、知的財産、サービス分野など多岐にわたっています。

じつは当初、政府・自民党は「聖域なき関税撤廃を前提にする限り、交渉参加には反対する」と選挙公約で表明していましたが、総選挙が終わると、安倍首相は2013年3月、「聖域なき関税撤廃を必ずしも前提とはしないことが確認された」として、あっさりと方針転換したのです。

TPPは参加国同士の関税についての協議だけでなく、投資や、著作権や特許を守るルールを決める知的財産などについても、共通するルール作りが重視されています。私が大きな懸念を抱くのは、「ISD条項」によって日本の主権が侵害されかねないことです。

これは、理不尽な法改正や、外国企業への差別的な国の施策から投資家の利益を守るため、国家と投資家との間で紛争解決方法をルール化することを「建て前」とするものです。この条項を盛り込ん

だ自由貿易協定では、米国の投資会社が韓国政府を相手取り、損害賠償を求めるなど、すでに幾つかの国際投資紛争が起きています。米国は名だたる訴訟大国で、しかも議会が実質的な貿易交渉権限を握るだけに、国家の上に立つISD条項の存在で国益が失われるケースが出てくる可能性が取りざたされています。

井筒　TPP交渉の行方はどうなりますか。米国の大統領に貿易交渉促進権限（TPA）が議会側から移り、交渉が促進するとの見方があります。

植草　安倍首相は、やはり両院合同会議で、TPPについて「TPPは単なる経済的利益を超えた、長期的な、安全保障上の大きな意義があることを忘れてはなりません。米国と日本のリーダーシップでTPPを成し遂げよう」と、自らの実績にしたいオバマ大統領を持ち上げました。

TPPを安全保障上の観点からとらえた安倍首相の意気込みは、米国経済の再建の手段としてTPPを位置付けるオバマ大統領に迎合したものですが、私は安倍首相が能天気だと思ったのは、利害が渦巻く米国議会で、貿易条約交渉で日本が譲歩するのだろうとの受け取り方をされたからです。

TPPは、自由貿易協定（FTA）として米国の経済的利益になると同時に、3・11米国中枢テロ以降、安全保障上の利益をもたらすようになってきているのです。つまり、防衛力の整備や同盟強化の「ハードバランシング」に代わり非軍事的、協調的なやり方で相手国をけん制したり、懐柔や説得を行なう「ソフトバランシング」の代表としてTPPが評価されているのです。

TPP交渉は日米の場合、事務レベル、閣僚レベルで行なわれています。2014年4月に懸案の牛・豚肉の関税は日本が大幅に引き下げ、乳製品と小麦は日本が低関税・無関税で輸入枠を増やすことで実質的に合意しました。しかし、肝心のコメの輸入枠では米国が17・5万トンを要求、日本は5万トンが限度と対立し、自動車部品の関税（2・5％）撤廃を要求する日本に対し、米国は抵抗を続けるなど、なお国益をかけた交渉が行なわれています。

とりわけ注意したいのは、貿易交渉の権限は本来、米国議会が握っていることです。当然、議員たちは地元の利益を優先しがちで、今回、表面的には大統領に権限を譲ったかたちですが、交渉の成り行きについて説明を求める権限が議会側に残ったことで、この先、交渉がスムーズに妥結するかどうかはなお不透明なのです。

ＴＰＰは日本の国家主権を失わせるものであるとともに、日本の国民に大きな不利益を与える「百害あって一利なし」の協定ですから、交渉が難航するのは望ましいことですが、日本政府が一方的に譲歩して大筋合意が形成される危険が高まっているのです。

まやかしの戦争法案

井筒　自衛隊にいた者の立場からいいますと、安保法制はまぎれもない「戦争法案」としか言いようがありません。国会に提出され、審議している法案は「平和安全法制整備法案」と呼ばれています。ここにいわば政府の「まやかし」がある気持ちがします。真正面から国民に向き合うのではなく、表面をつくろって、少しでも国民の抵抗を和らげようとの思惑を感じています。

植草　確かにその通りです。本音のところでは、安倍首相に自信がないのだと思います。安倍首相は、第一次政権で病気のため任期の途中で辞めざるを得ませんでしたから、第二次政権では、２０１２年、

2014年の2回の総選挙で圧勝して、数の力で国会を支配でき、以前から目標にしていた集団的自衛権の行使を可能にできる、彼なりの「強い国」づくりに取り組み始めたわけです。

安保法制は、全部で11本の法案からできています。このうち10本が一括法案となっており、その中核となるのが「武力攻撃事態法改正案」と、「重要影響事態安全確保法案」です。ほかには「国連平和維持活動（PKO）協力法改正案」などがあります。

また、独自につくられたのが「国際平和支援法案」で、これは国際貢献を目的に他国軍の戦闘を随時支援できるようにする法律です。

安倍首相は、野党の「戦争法案」との批判には「無責任なレッテル貼りだ」と声を荒げて反論し、「戦争に巻き込まれる」との指摘にも、「巻き込まれることは絶対にない。60年安保のときも戦争に巻き込まれるといわれたが、間違っていたことは歴史が証明している」と主張、全く意に介しません。

国会審議では野党側の鋭い追及にたじたじとなる安倍首相ですが、大好きなインターネットに登場し、手前勝手な理屈を披露して理解を求めようとしました。彼は自身の「フェイスブック」で発信することが多く、なかでも「いいね」との反応が多数あると満足しています。自分は若者たちに支持されていると思いこんでいるようです。

審議の終盤では、相手にされなくなったせいか、インターネットの番組に出演し、「戸締りが大事」とか「困っている友人を助ける」とのくだけた例を示し、やさしい言葉で安保法制の大切さを解説しました。しかし、命をやりとりするシビアな内容を持つ安保法制をそんなイージーなたとえ話で理解してもらおうというのが間違っています。

私が注目しているのは、安保法制と特定秘密保護法の関係です。もともと、秘密保護法は権力サイドに都合の悪い情報はすべて隠す「悪法」ですが、それが安保法制では一番適用されるケースが多いのです。「自衛隊の運用や計画」、「武器や弾薬の種類、数量」は特定秘密に該当すると規定されており、今後、安保法制が成立して自衛官の海外派遣が具体化したとき、一切の情報が開示されないことが予想されます。

過去に自衛隊がイラクに派遣された際、航空自衛隊が行なった輸送でやらないことになっていた「武器、弾薬、兵員の輸送」が実際には行なわれていたことが、あとから発覚しました。市民団体が2008年4月、名古屋高裁に提訴したことにより、「戦闘地域への輸送で違憲」という判断が示されました。民主党政権下で2009年10月、情報開示された資料によると、2006年7月以降、米軍を中心に兵員約2万6千人、小銃・拳銃など約5400丁をバグダッドなどに輸送していました。当時は秘密保護法もなかったのに、隠されていたわけです。

憲法違反の大合唱ものともせず

井筒　集団的自衛権の行使について、日本では憲法違反であり行使できないというのが定説になってきました。もし行使できるようにする場合は、憲法を改正しなければならないはずです。ところが安倍首相は、閣議決定で憲法解釈を変えるという強引な政治手法をとったわけです。そのため、安保法制の国会審議に対して、憲法学者ら専門家はみな一様に「憲法違反だ」と主張しています。私も当然だと考えます。

植草　学者の良心からいっても安保法制が違憲であると主張するのは余りに当然すぎます。2015年6月4日、衆議院憲法審査会で、自民党推薦の長谷部恭男・早稲田大学教授を含む3人の憲法学者がそろって憲法違反と明言しました。これもその典型例といえますが、このことは社会に衝撃を与え、安保法制をめぐる空気を変えた気がします。

いうまでもなく、日本国憲法の「第9条」は、戦争放棄宣言で知られる世界に誇れるものです。前文の第1項は、「日本国民は、正義と秩序を基調とする国際平和を誠実に希求し、国権の発動たる戦争と、武力による威嚇または武力の行使は、国際紛争を解決する手段としては、永久にこれを放棄する」と明記されています。

次に、第2項は「前項の目的を達成するため、陸海空軍その他の戦力は、これを保持しない。国の交戦権は、これを認めない」とあります。

そもそも憲法は、権力の横暴をけん制するもので、「立憲主義」とは暴走する危険のある権力を縛る鎖が必要だとの発想に立ちます。フランスの「人権宣言」は必須事項として、「権利の保障」と「権力の分立」をあげ、国家が権力をふるい国民生活に介入しないようにしています。

日本国憲法は、立法、行政、司法の三権分立をうたい、あらゆる専制権力に対抗するのが立憲主義の基本です。また、3つの原則として、「基本的人権の尊重」、「国民主権」、「平和主義」を強調しています。目的を達成するためには手段を選ばないのが専制主義で、目的は手段を正当化しないと考えるのが立憲主義です。この点からみますと、安倍首相の安保法制は、ルールを壊してから進む反立憲主義的な政治手法としか言いようがありません。

安保法制をめぐる議論の行方に決定的な衝撃を与えた衆議院憲法調査会での長谷部教授ら3参考人の「違憲発言」、そのポイントを紹介します

「憲法解釈の変更による集団的自衛権の行使は、大いに欠陥がある。従来の政府見解の論理の枠内で説明がつかない。法的な安定性を大きく揺るがす」（長谷部氏）

「憲法9条は海外で軍事活動をする法的資格を与えていない。集団的自衛権は仲間の国を助けるために海外へ戦争に行くことだ」（小林節・慶応大学名誉教授）

「内閣法制局と自民党政権がつくってきた安保法制はぎりぎりのところで合憲性を保ってきた。今回は踏み越えてしまった感じだ」（笹田栄司・早田大学教授）

安倍政治の裏―日本会議

井筒　安倍首相という政治家は、母方の祖父の岸信介、叔父の佐藤栄作が総理大臣をやり、父方の祖父・安倍寛、父の晋太郎も政治家です。典型的な世襲政治家で、その独特な個性は岸首相のDNAを受け継いでいるというわけですが、ほかに安倍政治をかたちづくったのは何かありますか。

植草　私が注目したのは、「日本会議」という組織です。安倍内閣の事実上の「黒幕」といえる存在で、右翼的な思想、戦前への回帰思想が特徴の団体です。驚くのは、「日本会議国会議員懇談会」に参加するメンバーが自民党を中心に約280人おり、国会議員全体の約4割を占めています。とくにいまの第三次改造内閣には19人中15人もいます。第一次安倍内閣のときは首相はじめ12人で、麻生内閣では9人でした。

日本会議が設立されたのは1997年で、母体になったのは右派の宗教団体を中心にできた「日本を守る会」と、保守系文化人の組織「日本を守る国民会議」です。事務局は民族派学生運動を母体にする「日本青年協議会」で、当初、日本会議の運営を主導したのは、新宗教の「生長の家」創立者・総裁の谷口雅春氏です。日本会議の主張をみると「皇室中心」、「憲法改正」、「靖国神社参拝」、「愛国教育」、「自衛隊海外派遣」などをうたっています。

これまでの活動では、「元号法制化」をはじめ、「国旗・国歌法制定」、「教育基本法の改正」、「秘密保護法制定」などを実現する原動力になりました。日本会議の会員は約3万5000人。地方議員も約1700人います。

日本会議HPによりますと、目指すものは「美しい日本の再建と誇りある国づくり」であり、そのための政策提言と国民運動を推進すると明記しています。安倍首相の政治スローガンである「戦後レジームからの脱却」、「美しい国、日本」、「日本を、取り戻す」を彷彿させます。

井筒　外国人記者クラブでエコノミスト誌の記者が「憲法学者で集団的自衛権を合憲という人はいずれも日本会議メンバーだと聞くが」と質問したのが幅広く知られるきっかけでした。安倍首相にはいくつかの著作もありますが、そこではどのような考えを表明していますか。

植草　安倍首相は好んで日米同盟は「血の絆で結ばれた同盟」と大げさな表現を使います。2004年に出版した『この国を守る決意』（扶桑社刊）のなかで「われわれには新たな責任があります。日米安保条約を堂々たる双務性にしていくということです。いうまでもなく、軍事同盟は〝血の同盟〟です。日本がもし外敵から攻撃を受ければ、アメリカの若者が血を流します。しかし、いまの憲法解釈のもとでは、日本の自衛隊は、少なくともアメリカが攻撃されたときに血を流すことはないわけです」と書いています。安保法制の動機、狙いがズバリ表現されているのです。

また、2013年に刊行された『新しい国へ』(文春新書)では、「集団的自衛権の行使とは、米軍に従属することではなく、対等となることです。それにより、日米同盟をより強固なものとし、結果として抑止力が強化され、自衛隊も米軍も一発の弾も撃つ必要がなくなります」と、抑止力の面から安保法制の効用を説いています。

安保法制の背景をみて気が付くことがあります。それは「アーミテージ・ナイ・レポート」といわれる報告書の存在です。共和党の国務副長官だったリチャード・アーミテージとハーバード大学教授のジョゼフ・ナイはともに日本政策通で「ジャパン・ハンドラー」と呼ばれています。これまで三次にわたりレポートを作成、このなかで「集団的自衛権の禁止は日米同盟にとって障害だ」とか「武器輸出三原則を見直し、規制を撤廃すべきだ」など、日本の防衛政策を先取りした提案をしてきています。

この報告書では軍事面だけでなく、経済面で規制緩和や市場開放を要求、2008年までは「年次改革要望書」として提示されました。小泉内閣での郵政民営化や大規模小売店舗法の廃止はその象徴例です。

強引な根拠づけ、「砂川判決」

井筒　集団的自衛権の行使を合憲としたのは、憲法改正を行なったうえではなく、〝裏口〟といいますか、閣議で決めて、解釈改憲を強行しました。私にはどうみても納得がいきません。そのさいの根拠にしたのが、いわゆる「砂川判決」だと言います。これはどういうものなのですか。

植草　安保法制がいささかうさん臭いと思わせるのは、じつにこの「砂川判決」をこじ付け的に合憲と解釈したことにあるのです。

1959年、米軍立川基地（東京・砂川町）に乱入した学生、労働者らが日米地位協定の刑事特別法違反で起訴されたことがきっかけです。被告側は「米軍駐留は日本政府の要請や土地の提供、費用負担などがあって可能。憲法9条2項で禁止されている戦力の保持にあたり憲法違反だ」と主張して、真っ向から違憲裁判に取り組みました。

東京地裁の伊達秋雄裁判長は「米軍の存在は憲法違反」との判決を日本で初めて下しましたが、1960年の安保条約改定を控えていた政府自民党は衝撃を受けました。検察側は高裁を飛ばして最高裁に特別抗告、最高裁の田中耕太郎長官は一審を棄却し、差し戻し裁判で被告は有罪になりました。しかし、この最高裁差し戻し判決の裏側では、田中耕太郎長官はダグラス・マッカーサー2世駐日米国大使と接触し、米国の意向に沿う訴訟指揮をしていたという日本の司法の独立性を根底から覆す重大事実が存在していたことが後に発覚しています。

このとき、最高裁判決は「安保条約のような高度の政治性を有するものは、裁判所の判断になじまない」と決めつけました。そのうえで、「わが国の存立を全うするために必要な自衛の措置を取り得る」との解釈を示したのです。

集団的自衛権を合憲とするための理屈として、これに着目したのが、安倍首相の私的諮問機関「安全保障の法的基盤の再構築に関する懇談会」の座長を務めていた高村正彦・自民党副総裁です。高村氏は「最高裁は、個別的と集団的を区別しないで、自衛権を認めている」と言い張ったのです。

与党の公明党は、安保法制懇の北側一雄・副代表が歩調を合わせ、「限定容認論」として集団的自衛権の行使を容認するのに協力しました。公明党の支持母体である創価学会は婦人部をはじめ平和志向が強く、安保法制には批判的でしたが、与党の一員であり続けるために妥協したものです。

つまり、集団的自衛権の行使に歯止めをかけるため、1972年の政府見解を持ち出して、「国民の生命や権利が根底から覆されるという急迫、不正の事態」を条件に採用することで「限定容認」を認めたのです。しかしながら、1972年政府見解は、必要最小限度の自衛権の行使は認められるが、それは個別的自衛権に限定され、「いわゆる集団的自衛権の行使は憲法上許されない」としたものでした。

こうしたいわば強引ともみえる憲法解釈は、政府与党に一貫しています。国会答弁で、防衛大学出身で身内なのに評判の悪い中谷元防衛大臣は、「現在の憲法をいかに安保法案に適応させていけばいいかという議論を踏まえて閣議決定した」(6月5日、特別委員会)と語ったのもその一例です。憲法が最高法規であるとの常識を理解しておれば、こんな発言はしようがありません。無知をさらけだしたのです。

はじめに掃海派遣ありき

井筒　安倍首相は、集団的自衛権を行使する典型的な例として、中東・ホルムズ海峡における機雷除去の掃海活動をあげています。これは、かつて海上自衛隊がペルシャ湾で掃海活動をして以来のことです。私が思い出すのは、このとき万が一の事態、つまり死者が出るのに備えて棺桶を積み込んで出かけたことです。それくらい危険が伴うわけです。

植草　じつは日本の防衛政策を先取りするかたちで指令を出してきた「アーミテージ・レポート」では、2012年8月に「日本は単独でも掃海艇を派遣すべきだ」と指摘していました。

安倍首相は国会答弁で、「機雷の除去は極めて制限的、受動的でリスクはない」と主張しています。じつは首相が安保法制で一番やりたかったのは存立危機事態における集団的自衛権の行使で、米軍などの後方支援として機雷の除去にあたることであると考えられるのです。

しかし、国会答弁では他国の攻撃意図についての状況認識に関する解釈があいまいで、国民に不安を抱かせています。ホルムズ海峡の封鎖を行なう敵対国に、日本を攻撃する意図がなくても、集団的自衛権を行使できるのかと聞かれて、「総合的に判断して事態を認定する」とあいまいな答弁しかしていませんでした。ところが、その後になって「自衛の措置に限り行使は認められる」と答弁を変え、政府の裁量次第であることを明らかにしました。これでは、攻撃の意図が不明でも、機雷掃海が行なわれることになり、リスクは大きくなります。

明確にしておきたいのは後方支援といいますが、軍事上、後方支援とは弾薬や武器の輸送を行なう兵站活動を指し、戦闘行為とは区別がつかない性格のものです。つまり、敵国からは攻撃の対象であり、非戦闘地域での活動だから安全とは言えないのです。イラク戦争のとき、多国籍軍の一員として後方支援にあたった英国軍には多数の死傷者が出ました。

さらに指摘したいのは、国際情勢の変化です。ホルムズ海峡の沿岸国で機雷を敷設できるのはイランだけですが、いまや米国との核協議で合意がみられ、敵国とはみなされなくなる可能性が出てきたのです。つまり、日本が米軍の後方支援として機雷除去にあたる現実性、必要性がなくなったというわけです。安保法制をつくる理由が消えました。

この点でいえば、外務省内でも「機雷掃海はリアリティーのない話だ。明白な戦闘行為であり、憲法9条をもったままやるのは周辺国に誤解を与えるだけ」とクールに解説する人たちがいます。

確かに、掃海派遣は存立危機事態と認定されるわかりやすい集団的自衛権の行使の例ですが、他国軍を地球規模で支援できる重要影響事態は、従来の朝鮮半島有事に限らなくなりました。このときは原則として国会の事前承認が必要であるとされていますが、場合によっては事後承認も可能です。例外が多用される危険を否定できません。

他方、同様に自衛隊を海外に派遣できる国際平和共同対処事態の「国際平和支援法案」では国連決議と事前承認が必要で、「重要影響事態安全確保法案」よりハードルが高いのです。いわば「歯止め」となる事前承認において、安保法制の内部にダブルスタンダードが存在していると言えなくもありません。使い勝手の良さで重要影響事態法案のほうを利用するケースが増えるでしょう。

徴兵制の導入も

井筒　私の体験から、自衛官の数は慢性的に不足しており、もし安保法制が成立したらとても自衛官の数が足りないと思います。それを補うため、政府は徴兵制に取り組む気がしてなりません。最近の若年層の貧困化、格差の拡大や、選挙年齢が18歳に引き下げられたのもある種の準備というような嫌な感じをもちます。

植草　戦前、徴兵制が行われていたとき、社会環境としては、長時間労働は当たり前で、労働環境は厳しく、格差も拡大していました。いま、非正規雇用者が増えており、２００３年から２０１３年の「労働統計」によりますと、非正規労働者の割合は30・４％から36・６％に増えており、25〜29歳の若者では22・０％から28・１％に上昇しています。労働者一人あたりの平均月額現金給与総額も５・４％減っています。

労働者派遣法改正案が成立すると、企業の派遣労働者受け入れ期間の制限が事実上撤廃され、生涯派遣を生むなど労働条件の悪化が心配されています。戦前に、富裕層と貧困層の区別なく徴兵され、格差を忘れさせる一要因にされたことや、国民の間で政党政治への失望が広がっていたことが思い起こされます。

安倍首相は徴兵制について、「憲法には意に反する苦役はだめとはっきり書いてあります。明確な憲法違反であり、その解釈を変える余地はありません」と否定します。徴兵制を心配する世間の声に対しては「典型的な、無責任なレッテル貼りです」と退けています。また、自衛隊がハイテク化していることを挙げ、「ハイテク技術を身につける必要があり、使いこなすのにも時間がかかります」と説明しますが、説得力のない理由を挙げているだけです。憲法の規定を解釈して禁止してきた集団的自衛権の行使を、解釈改憲で変えてしまう政権ですから、その、「言葉に対する信用」はかけらもありません。

「平和と共生」で政界再編

井筒　国民にとれば安保法制はとてつもなく危険で、日本の平和が根底から突き崩される恐れがあります。何とかしてこれを食い止めねばなりません。どうすれば安保法制を阻止できると考えますか。

植草　私は、「オールジャパン・平和と共生」の市民運動を立ち上げました。これは、「憲法改正反対」、「原発再稼働反対」、「TPP反対」の三本の矢を軸に、「沖縄辺野古基地反対」、「消費税増税反対＝格差是正」を加えた五つを共通のスローガンとして掲げる、市民運動の連帯を呼びかける国民運動です。

２０１４年12月の総選挙で、与党が獲得した得票は全有権者の25％にしかすぎませんでした（比例代表）。25％の得票しか得ていないのに、国会の7割近くの議席を占有したのは、小選挙区で野党が候補者を乱立させたからです。安倍政権の政策に反対する主権者が25％結集して、一つの選挙区には一人の候補者しか擁立しない体制を構築すれば、十分に安倍政権与党に対抗することができます。政権奪取も十分に可能になります。「平和と福祉」を掲げる公明党が戦争法案推進の安倍政権を支援するのもおかしな話で、反安倍陣営の結集と、効果的な選挙戦術の構築を実現できれば、政権を奪取できる。そのときには、間違った法制をすべて刷新することができます。25％の結集を図り、政権刷新を実現するという意味で「25％運動」とも呼んでいます。

民主党と維新の党を軸に野党再編を目指す動きがありますが、これらの政党の政策方針は極めてあいまいですので、党派の枠組みをばらして、原発、憲法＝安保法制、TPPを軸に、明確な対立軸で市民の結集を図り、そのうえで一選挙区一候補者を支援する体制を構築することを目指します。今後の国政選挙の台風の目になることを目指しています。

ここにきて、安保法制論議を契機に状況が変化してきているのを感じます。というのは、自治体レベルでも危機意識が高まりつつあることです。報道によりますと、２９２の地方議会が安保法制に反対したり、慎重な国会審議を求める意見書を採択、衆議院に提出しています（２０１５年7月13日現在）。いずれも、「国会の多数議席を頼みに国民の意思を無視した法案の成立は、日本の進路を誤らせる」（東京都武蔵野市）など、安保法制が憲法違反という批判にとどまらず、議会制民主主義の危機を懸念しているのが目立ちます。

一方、国民の意向を探る新聞やテレビの世論調査を見ますと、安倍内閣の強気な政治運営を支えてきた、50％台を超える高い内閣支持率に6月から翳りがみられるようになり、与党寄りで知られる「読売新聞」でも支持率が43％に落ち込み、不支持率（49％）を下回りました。「毎日新聞」の7月調査でも、支持率と不支持率が逆転し、支持率は35％にまで急落しました。内閣の前途に不安がよぎってきたとの見方が出ています。

私がここにきて心強く感じるのは、まさしく「平和と共生」の呼びかけに呼応・賛同する形で国民の各界、各層で「反安保法制」の運動が広がりを見せていることです。あの「60年安保闘争」を思い起こさせます。

安全保障問題としてだけではなく、大多数の国民の声を無視する政府与党の政治姿勢に危機感が抱かれ、政治闘争が展開される様相が広がり始めてきています。主権者が国民主権を守るために立ち上がることは極めて重要です。民主主義を守れるのは主権者である国民しかいないのですから。安保法制は安倍政権を打倒して初めて阻止することができるものです。

注目すべきは、自然発生的に広がっている学生たちの運動、「ＳＥＡＬＤｓ（自由と民主主義のための学生緊急行動・シールズ）」の活動が東京を中心に全国に拡大しており、動きの遅い労働者に代わって反対運動の主導権を握りつつあることです。米国が創作する世界中の戦争に安保法制で駆り出されて犠牲になるのは若者たちが中心になるわけで、まさに自分たちの問題であるとの認識も広がっているのでしょう。

安倍首相はインターネット好きで知られ、これまでは、いわゆる「ネトウヨ（ネット右翼）」と呼ばれる若者たちに支持されているとして自己満足していたようですが、世界遺産問題では韓国への対応について、ネット上で「反安倍」機運が盛り上がったとも言われています。自民党のネット番組に３日連続で出演して、くだけた表現で安保法制の必要性を解説しましたが、評判はいまひとつでした。風向きが変化しています。

予想どおり、安倍首相は「丁寧に説明してきて、国民の理解は進んできた」として、安保法制の衆議院特別委員会での審議を打ち切り、自民、公明の与党だけでの強行採決に踏み切りました。「いつまでもだらだらと審議するわけにはいかない。決めるときは決めなければならない」（菅義偉官房長官）というのが理由ですが、それは表向きであって、実際は反対の動きが全国的に拡大し、勢いを得た野党の抵抗が一層強まり、参議院での審議が難航、へたをすれば審議未了、廃案に追い込まれかねないと危惧したからです。国会会期の大幅延長は、衆議院の３分の２以上の多数で再可決するという、いわゆる「60日ルール」を念頭に置いたもので、日程を逆算して衆議院の強行採決に踏み切ったものです。逆に言えば、それほど追い込まれているということになります。

憲法59条の規定で、参議院で法案が60日を過ぎても議決されないとき、否決されたとみなして、衆議院で出席議員の3分の2以上の賛成があれば、法案は可決、成立します。主権者国民の意思は無視しても、衆議院与党議席の「数の力」で押し切ってしまおうとする魂胆ですが、こんな重大なことがらを正統性の乏しい「数の力」で押し切るというのは暴挙以外のなにものでもありません。

公明党の支持母体である創価学会内部では、戦争法案に対する根強い抵抗があります。戦争法案に対する公明党の支持に揺らぎが生じると、再可決戦略に誤算が生じることもあり得るのではないでしょうか。

日本の主権者は、主権者が自分たち自身であるという根本を絶対に忘れるべきでありません。不戦の誓いは、現在の主権者が確固たる思想・信条として、戦後一貫して引き継いできたものです。この大原則を土足で踏みにじる蛮行を、私たちは絶対に許すべきでないのです。参議院の審議段階でも粘り強い反対運動を繰り広げ、廃案、撤回に追い込んでいくことは不可能ではありません。そして、万が一法律が制定されてしまった場合には、速やかに安倍政権を打倒して、違憲立法を廃絶する法律の再改正を必ず実現しなければならないと思います。

〈安保法制と言論〉

もはや国民に防衛情報は知らされない！

半田 滋

（軍事ジャーナリスト）

はんだ しげる

1955年生まれ。91年中日新聞社（東京新聞）入社。92年の国連平和維持活動（PKO）協力法成立から防衛庁（現防衛省）を取材。米国、ロシア、韓国、カンボジア、イラクなど海外取材の経験豊富。防衛政策や自衛隊、米軍の活動について、新聞や月刊誌に論考を多数発表。2007年より編集委員、11年より論説委員を兼務している。

●聞き役●井筒高雄

仕掛けはPKO協力法から始まった！

半田　井筒さんは1992年、自衛隊を紛争後の国や地域に派遣する国連平和維持活動（PKO）協力法の成立をきっかけにお辞めになった。その理由は何だったんですか。それと今回の安保法制に反対されることとはどういう文脈でつながっているのですか？

井筒　さすが敏腕防衛記者の半田さんです。本来なら私がインタビュアーなのに、先にお株を奪われてしまった（笑）。では、お答えします。自衛隊に入隊すると「服務の宣誓」をします。それは、現行憲法と法令に基づいて――つまりあくまでも専守防衛の枠組みの中で任務遂行のために命を差し出すことであって、それがイコール国民の負託に応えることであるというものです。この大前提がPKO法案で覆されてしまった。

そもそも現場サイドからすると、武器を持って海外に行くことで即攻撃対象になる。やれ戦闘地域だとか非戦闘地域だとか後方支援だとかいう定義は机上の空論です。停戦合意があるからとかPKO法5原則があるから大丈夫だと政治や自衛隊上層部がいくら言ったところで、それが通用するようなところじゃない。戦闘服を着て武器を持って行った瞬間からそこは戦闘地域と化す。この前提で私たち叩き上げの第一線の自衛隊員は行動するというか、動かざるをえないのです。

その地に降りた瞬間から戦闘地域となるような状況で敵が撃つまで撃てない、撃ってきたら最初は逃げなければいけないというのは戦争のセオリーでは死ぬことはあっても生存に結びつくことはない。さらに言うと、もし反撃をして後にやり方が不適切であったという判定を受けたときにはどうなるのか。帰国して殺人罪によって刑事事件で裁かれる可能性があるんです。そんな理不尽なことってありますか。自衛隊員の命があんまりにも軽すぎやしませんか。この憤怒の思いは今回の安保法制でも同じです。

今回の安保法制の議論では安倍首相はさかんに「平和と安全」という言葉を使いますが、1992年のPKO協力法のときにも「平和」という言葉がキーワードになりました。しかし現場の第一線へ送られる自衛隊には「平和と安全」はさっぱり担保されていない。「危険」このうえない。私からすると、PKO協力法のときも今の安保法制も政治はなにも変わっていないというのが率直な思いです。

少なくともそういう状況で自衛隊を海外で運用するべきではないというのが、私の当時の立場であり考えでした。そしてそれは今も変わっていません。当時はレンジャー隊員になって定年退職まで続ける三等陸曹のスタートラインに立ち、よし自衛隊員として生涯を全うしようと思っていた矢先だったので、なおさら自分の命と人生を天秤にかけたときにあまりにも理不尽過ぎるなと思いました。

そこで上官から面接をうけ「PKO部隊で行く気はあるか」と打診されました。自衛隊で最強のレンジャー出身者がその可能性が一番高いことはわかっていましたので、そんな状況では行きたくない、行くのなら犬死にならないように法律や制度を整えてから出してくれと答えました。しかし、それが受け入れられなかったので自衛隊を辞めたわけです。

半田　その場合、辞めるということではなくて、例えばPKO派遣命令に対しては「私は行けません」と拒否をして残るという選択肢はなかったのですか。

井筒　そういう残り方をしたら昇進がどうなるか。当時の私は、レンジャーの資格も取っていました。3等陸曹の教育も御殿場で半年間受け、中隊長賞をもらって次の階級へ昇進する最短のところにいました。

幹部自衛官の受験資格も、高校卒業では最年少の26歳でエントリーができるというポジションにいましたので、上司に「海外派遣を拒否したら、自分の昇進はどうなるか」と訊ねました。すると、これまでの自衛隊員としての成績も大事だが命令に従って海外に行って帰って来た隊員のほうがおそらく出世は先になる、拒否した者は遅くなると言われました。だったら「依願退職」しようと。しかし、当時の私の階級である三等陸曹の人事については師団長決裁が必要だったので、とにかく依願退職はやめてなんとかとどまって頑張って残れと、説得と遺留を受けました。

半田　その時の所属部隊はどこですか。

井筒　朝霞の第31普通科連隊です。

半田　別称「振武連隊」という由緒正しいエリートですね。首都圏を防衛する第1師団は、旧日本陸軍でいうところの近衛師団のような役割ですよね。

防大卒がいきなり隊長では海外では戦えない!?

井筒　もう一つ私が危惧を覚えたのは、実力部隊としてPKOにまで踏み込むのには、組織の統率運営力にあまりにも問題があるということでした。防衛大学校出は、頭も良くて幹部になるためのそれなりにGM的な教育は受けてきているんでしょうが、現場の叩き上げで何十年もやっている人たちを束ねるのには、防衛大での教育や成績は必ずしもマッチングしない。

彼らはいきなりわれわれの上について、レンジャーとか叩き上げの陸曹とか中堅ベテランに「さっきの指示はあれでよかったのか、もっとこうしたほうがよかったのか」と命令を出した後に訊く。こんな事例を何度も目の当たりにしましたから、高卒だろうとなんだろうと現場でちゃんと実力をもって部隊の指揮できる人が上へあがっていかないと、本当の戦争のときには「そりゃあ負けるよね」という絶望に近い感想を抱かざるを得ませんでした。

そういうところで、もし私が残るんだったら、ありえない話ですけど、防衛大学校を出た幹部自衛官でも現場で指揮統率ができない人は降格してもらうとか（笑）、まずは叩き上げと同じように最前線で頑張ってそこから這い上がるとか、そういう実力システムに変えてくれないと。現状では高卒と大卒とスタートラインは大きく違っていて、本来なら統率力のセンスが大切なのに彼らを追い越すことはできない。そんな状態で、ＰＫＯで海外に出て行くことになれば、実戦に向けたプロの自衛隊員としてはお先真っ暗だ、正直なところ私はそう感じて、依願退職を選択したわけです。

井筒　防衛大学校とか一般大を出て幹部候補生学校を出て、いきなり中隊長ぐらいでくるんですか。

半田　いえ中隊長の手前の見習幹部です。

井筒　自衛隊は、おそらく平時の軍事組織なんですね。要するに有事の軍隊じゃない。例えば常に戦争を繰り返しているアメリカなんかだと、新幹線のように出世するコースはあっても、一定年次たってその一つ上の階級にいかないと退職しなければならない。幹部としての経験と指揮能力の両方があるか、常にチェックしながら階級があがっていく。昇任・昇格にふさわしくない人は一般社会にお帰りくださいという形です。

半田　その点、日本の自衛隊は官僚組織とまったく同じで、入った区分の違いだけで一生が決まってしまう。ＰＫＯのように武器を持って海外に出ていく有事の一歩手前ぐらいの厳しい任務が与えられたときには、当然、この組織のありようは見直すべきだったと思います。そのＰＫＯ協力法ができて四半世紀近くたち、結果として、一発の銃弾も撃っていない、一人の死者も出ていない、また相手国の人々を殺すようなこともしていない。その成功体験がこれでいいんだと、見直す機会を失わせてしまってそのままに現在に至っているわけです。

井筒さんがおっしゃるとおり、考えてみれば、政府がいう「自衛のための必要最小限度の実力組織」としても心もとない。この人たちが海外に出て行って部隊の指揮をとって本当に大丈夫なんだろうかと思われるようでは、まずいですよ。

井筒　そうですね。せめて防衛大を出た幹部候補生には、最初に幹部レンジャー教育を少なくとも通過してから一般部隊に入って幹部としてのキャリアをスタートするぐらいでないと、彼らだって自信ももてないし声もはれない。それで後ろでこしょこしょ確認作業をする幹部候補を目の当たりにすると、また使えない幹部が来たなあと、レンジャー経験がある若手の陸曹とか陸士がいじめちゃう（笑）。それで耐えられなくて補給とか他のところにまわされちゃうような方もいらっしゃいましたから。

半田　軍隊であれば将校と兵士に分かれています。兵士の場合、アメリカ陸軍だと最上級先任曹長というポストがあり、幹部よりもよい待遇を受けています。他の兵士が彼を目標にするようになっている。実はそのシステムだけは日本も取り入れていて、海上自衛隊だと先任伍長がそれで、海曹たち中堅幹部の取りまとめ役として兵士のトップです。だけど幹部は変わらない。戦前の日本の陸軍や海軍が優秀だといわれたのは、中堅幹部が優秀で一人一人の能力が高かった。だから兵員が足りない、物資が十分ではない、という中でもやりくりできた。個人が組織の欠点を補うのというのは日本の伝統です。それが自衛隊では機能していない。

この法律ができたときに見直す機会はあったんだろうけど、それをせず、その後の成功体験もあってずるずると今日まで来てしまったんです。

「海外派遣で犠牲者なし」は現場の努力と幸運の賜物

井筒　最近でこそ2000年代に入ってから駐屯地に仮想の市街地がつくられて治安出動の訓練が行なわれるようになりましたが、それまでは大原則の「専守防衛」に基づいて、旧ソ連であれ、北方の中国であれ、仮想敵国に対して、海外での戦闘を想定して山の中に入って演習するなんてことはありませんでした。今回の安保法制の集団的自衛権に基づいてどこかの軍隊といっしょに行動を共にして戦争をするための訓練とかカリキュラムをそもそも持ち合わせていなかったのが自衛隊です。それでもＰＫＯでなんとかなったのは、特殊作戦軍という自衛隊の中でも特殊な訓練を積んだ先遣隊を極めて安全なエリア選定して送り込んで、ようやくもったというだけの話ですから。しかし、今度は日本ではなくアメリカの仕掛ける戦略の中でサポートに入るわけで、これまでのやり方が通用するはずもありません。

半田　井筒さんの指摘はそのとおりで、これが今まで四半世紀うまくいったというのは一にかかって優秀な自衛官たちの経験の積み重ねだと思います。つまり、法律そのものを読んでも、実際の運用はどうなるのか実に曖昧です。ＰＫＯ参加５原則にしろ、停戦の同意も派遣の同意も中立性も、それをきっちり守る厳しい姿勢を自衛官が持っていなければいけない。そして、なによりも重要なのは派遣地域の選定です。それは政治家にはわからない。僕もカンボジアの先遣隊の二度の調査に二度ともついて行きましたが、彼らは実に慎重に場所を選ぶ。

イラク派遣のときもまったく同じでしたが、カンボジアPKOでの任務は道路や橋を直す、いわゆる「国づくり」のお手伝いです――公正な選挙を監視する選挙監視員の警護や他のPKO部隊の移動のマネジメントという役割もありましたが。であれば人口密集地域で活動したほうが効果的なのですが、安全性を考えると、辺境の人がいないところで活動をしたほうがよいとなり、選ばれたのがカンボジア南部のタケオだったのです。

その次に2004年にイラク特措法に基づき、行ったイラク南部のサマワも同じです。人口がもっとも少なく、米軍が戦闘を続けていたバグダッドからも離れ、飛び火する危険性が小さかった。しかし、日本政府が米国を支持するため、とにかく派遣しなければいけないという強迫観念にかられて派遣を決めるのは、イラク復興というイラク特措法の目的から逸脱しています。自衛隊の海外派遣に対する政治家の態度をみていると、自衛隊を派遣するときまでは熱心に議論をする。しかし、送り込んだからもうあとは「よきにはからえ」です。もう一つは、活動の終了をまったく見通すこともない。PKOは戦争ではないから相手を倒すまでという目標がありません。終了時期を決めない。これも「よきにはからえ」。

法律をつくるまでは政治家は熱心ですが、法律ができてしまったら運用は自衛隊におまかせ。これがシビリアン・コントロールですかという疑問を僕はずうっと持ち続けて、20年以上経ってしまいました。今回の安保法制の議論にも同じ思いを抱いています。
イラク派遣にしてもカンボジアPKOにしても、結果として、自衛隊は「敵」を死なせなかったし、自分も死ななかったというだけで、奇跡的に紙一重で成功しただけの話です。

井筒 したがって、これからは必ず戦死者と負傷者が出るという前提で考えなくてはいけないのです。アジア外交の問題にもからみますが、死んだ自衛官の取り扱いをどうするのか。靖国に祀るのか千鳥ヶ淵の無名戦没者墓苑なのか。それともアーリントンみたいに誰でも堂々と文句を言われずに足を運べるような施設をつくるのか。安保法制を整備するのであれば、これを契機にその点をきちんと最低限自衛隊員とその家族には、説明できるようにしなければなりません。
また、不幸にして海外派遣で戦死した場合はどうするのかも明確にすべきでしょう。イラクのときは1日の危険手当は3万円で、死亡したら最高額で1億円（賞恤金9000万円＋総理大臣褒償金1000万）だったようですが。今回の安保法制下ではそんなに大金は政府の懐具合からいって出せないとは思うんですが、最初にきちんと政治家が責任を持って示した上で、これから危険なところに行くけどよろしくというぐらいはないと。本来なら1992年のPKO協力法のときに議論をされ結論が出ていなければいけなかった。それをうけて今回は最終的にこうするんだとならわかりますけれども。

国家ビジョンなき海外派遣の危うさ

半田 毎回そうですけど、海外派遣が持ち上がるたびにそれを支える国家的ビジョンが示されたことがない。いきなり積極的平和主義といわれても国民はよくわからない。いくら安倍首相が平和をもたらすためには軍事力の行使もありなんです、これからは自衛官にもいっそう汗を流してもらいますと言っても、今までは憲法があって抑制的に自衛隊を活用していこうという大原則があった。なぜ、これまでのやり方ではだめなのか、どう総括したんですかというと、それはしていない。

存立危機事態とか重要影響事態とかで、自衛隊が他国の軍隊を支援しなければいけない理由は、日本をとりまく安全保障環境が悪化しているからだと安倍首相は言います。しかし、これまでの日本政府の見解は、日本に侵略の危機があった場合に限定して自衛隊は武力行使するという話だった。日本の政策は平和憲法を生かして、大きな世界平和の絵を描いていたはずではないですか、安倍さん、と突っ込みたくなるわけですよ。議論のたびに前提が違ってきて、なにを言っているのかわからなくなっているというのが今の安倍政権ですね。

井筒　去年の7月1日の閣議決定の記者会見から始まって、直近ではスクランブル発進の回数まで持ち出してと、本末転倒というかお粗末としか思えないのですが。

半田　政府には大きなビジョンがみえないといったけれども、それでも防衛庁が防衛省になってPKO協力法にもとづく自衛隊の海外派遣が10回を越えて、イラク特措法とかテロ特措法は別にしても、法律だけではうまくいかなかったものが自衛官の上手な運用によって、成果を挙げてきたという実感が僕にはあります。かなり長くやっていたゴラン高原での輸送や東チモールのPKOしかり。特に僕が注目していたのは東チモールで、自衛隊が撤退した後も現地の人たちだけで道路工事ができるようにと、日本から持って行ったブルドーザーやシャベルカーなどの重機を渡してあげた。

ちなみにカンボジアのときは、せっかくつくった道路がほぼ1年ぐらいでもとに戻ってしまった。しかし、日本人らしい優しさからだと思うんですけど、自分たちがいなくなったらこの人たちはどうなるんだということに想像力を働かせて、いい意味での影響力を残していくというやり方を2010年の東チモールからやり始めたんです。

その後2004年のイラクのサマワでも同じような学びをしています。特にイラクでは初めてアメリカ以外の他国の軍隊と接しました。具体的にはオランダで彼らの役割担当は治安維持。かたやわが自衛隊は人道復興支援というふうにすみ分けていたけれども、実はオランダ軍は学校を直していた。自衛隊はびっくりして、なんで治安維持のあなたたちが私たちの役割である施設の復旧をやっているんですかと聞いたら、治安維持というのはただ銃で脅すだけじゃない、要は相手の気持ちを安らがせて自分たちを敵視させないことも大事だと。そういう奉仕活動は欠かせないということに初めて気づかされた。それで中央即応集団の中に民生支援課（後に民生協力課に改称）ができたのです。

つまり、東チモールでやってきたことがたまたまイラクでも確認できた。そして、その後それがPKOではない「能力構築支援」という形に発展・進化し、モンゴルやベトナムで現地の人たちに自衛隊の技能を教えていくという、他国ではあまり行なわれていないユニークな海外支援に進もうとしていたのです、安倍政権が出てくるまではね。

僕としては、政治がビジョンを示さない中で、平和憲法を海外で自衛隊が実現するためのなかなかいい活動ではないかと評価していたんです。ところが、それが気に入らない安倍首相によって、検証はぜんぜんされないままステージを変えていきましょうと、これからは武器を使ってなんぼですよと

図　中央即応集団　国内全域及び海外派兵専門部隊

中央即応集団：約4500名※※

- ▶司令部及び司令部付隊
- ▶第1空挺団
- ▶第1ヘリコプター団
- ▶中央即応連隊
- ▶特殊作戦群
- ▶中央特殊武器防護隊
- ▶対特殊武器衛生隊
- ▶国際活動教育隊

国際任務の概念区分

国際任務
- **Ⅰ　国際平和協力活動**
  - ①国際平和協力業務（UNTAO・ONUMOZ・ルワンダ難民救援・UNDOF・UNMN等）
  - ②特別措置法による活動（インド洋派遣・イラク人道復興支援活動等）
  - ③国際緊急援助活動（ホンジュラス国際活動・インドネシア国際活動・パキスタン国際活動）
- **Ⅱ　在外邦人等の輸送**

※2007年3月28日 新編成
※※井筒の推定による（本文参照）

陸上自衛隊HPを参考に井筒が作成

いうふうに変わってしまったのが今回の安保法制の動きであって、僕からするととても残念でなりません。

水陸機動団構想とゲリコマ対策は〝防衛省益〟

井筒　自衛隊のホームページにも出ていますが、（図参照）「中央即応集団」は国内活動よりも、右側の国際平和協力活動にもっと特化して運用されるのかなと。だったら理解も評価もできますが、ここからさらに左側の中央即応集団の国内のところを強化して装備を増やすという方向にいきつつあるので、憲法との関係も含めてどんどんおかしくなってくる。

　そうした変化は『防衛白書』の書きぶりに明らかです。去年の平成25年度版までは「専守防衛で集団的自衛権は9条があってできません」と明記してあった。

　ところで、安保法制で、すわ海外派遣となるとまっさきに白羽の矢が立つのが中央即応集団でしょう。任務の特性上他の部隊よりも射撃訓練で日本一実弾を使う部隊とも言われているようですが、実態がよくわからない。

防衛省は、自衛隊の能力がわかってしまうからと、公式数字を出さない。その中央即応集団が全体でどれくらいの規模か。かつて私が所属していた31連隊の部隊構成から類推・算出すると、おおよそ4500名ぐらいでしょうか。

半田　それ以前の西部方面普通科連隊の頃はだいたい700名ぐらいでしたね。

井筒　そもそもは尖閣の奪還作戦のための専門部隊です。伊勢崎賢治さんとのインタビュー時にもお話しましたけども、陸自がそんな任務にあたっても意味がない。尖閣には日本国民が住んでいないから、空爆すればいい。私だったらドローンで飛ばして蹴散らしてますよ。

半田　この尖閣有事のためにつくられた西部方面普通科連隊が今度、水陸機動団になって3000人規模に拡充される。そもそも尖閣は日中双方にとって軍事的にも財産的にも価値はない。もはや、ただの意地の張り合いです。しかし、政権の理屈はこうです。中国が尖閣をとるために攻撃をしてくるとすると、彼らは尖閣ではなく自衛隊の拠点のある離島を狙う。そうすると宮古島のレーザーサイトや陸海空自衛隊や米軍が駐留する沖縄本島が危ない。だから水陸機動団は必要だというのです。要するに、極めて可能性の薄い仮説に仮説を積み重ねた果ての組織防衛策なのです。冷戦が終わり、大規模侵攻の危険性が消え、2001年の米国中枢多発テロを受けて、都市を攻撃してくるゲリラや他国のコマンドウ（特殊部隊）対策に切り換えたのと同じ流れです。

井筒　防衛庁から防衛省に昇格したせっかくの省益をいかに守るか、ここに外務省なのかそれとも安倍さんからか入れ知恵があって、防衛省としては、そうだ尖閣対策だとなったのでしょうね。

半田　この水陸機動団構想は民主党政権時から方向性が出ているから、彼ら防衛省の省益であり自衛隊益であることには間違いないですね。

特に冷戦後からあの強大なソ連軍と向き合うという大義名分が消えた陸上自衛隊は苦しいわけですよ。地政学的にみれば日本は海中に浮かぶ孤島のままで、航空自衛隊と海上自衛隊の重要性は変わらない。しかし陸自はちがう。攻めてくるソ連軍がいなくなったらどうやって存在意義を示すか、非常に苦しくなった。

そこへたまたま9・11同時多発テロが起き、今度はゲリコマ（ゲリラコマンドウ）対策だと、2000年代に入ると、各駐屯地に都市型訓練施設がつくられる。安近短の訓練をやれば演習場まで遠く出ていく必要もないし、高速道路料金で予算が食われる心配もない。これはいけると思ったが、昔の野戦部隊としての能力が消失していることにあるとき気がつく。これじゃあいかんと、テント一つ張れないぞという話になって、悩んでいるところへ今度中国が出て来る。実にいいタイミングで警戒すべき相手が出てくるんですね。

井筒　つくっているとしか言いようがないですね。

半田　日本をとりまく安全保障環境を考えてみると、伝統的な領土問題はあります。北方領土、竹島、尖閣諸島。しかし、係争相手国とは――特にソ連が崩壊してロシアに変わった後は、救難訓練を一緒にやったりしているし、韓国との間でも同じです。海上事故防止協定をロシア、韓国とはちゃんと結んでいます。中国は急速に軍事力を強めているものの、航行の自由など国際ルールがまったく分かっていない。そんな中国に対し、日本が先進国として東アジアの平和のため、リーダーシップをとる旗振り役をしてもよいのではないか。

ただし中国の場合、1996年台湾で李登輝氏が当選した台湾総統選挙のときに中台国境の海にミサイルを撃ち込み、そこへアメリカの空母が介入したことによって事実上、白旗を揚げざるを得なかった。あれが海軍力強化の原点ですから、そう簡単にはいかないとは思うけれども、少なくともアメリカが期待するような軍事力強化ではなく、東アジアの安定のために、日本は日本らしい穏やかなやり方ができるのではないかと思います。

日本を対中戦争の捨て駒にするナイ・レポート

井筒　しかし、そうはなりませんでした。半田さんが提案する平和的な方向とは真逆で、2012年のジョセフ・ナイとアーミテージのレポート「対日超党派報告書」がしかけた（本書の井筒高雄「体験的反安倍法制論」235～237ページ参照）、日本を手駒につかって日中間の紛争を誘発させるという戦略が、いま安倍さんによって花開こうとしています。

半田　アーミテージは3回にわたって発表した「アーミテージ・レポート」の中で毎回、日本に集団的自衛権の行使解禁を求めています。2012年8月のレポートでは、南シナ海でアメリカ軍と共に警戒監視活動をやるべきだ、ホルムズ海峡に機雷がまかれたら単独でも除去に行くべきだと。今まさに安倍首相はそれをやろうとしているわけじゃないですか。

しかし、ここが日米関係を考える上でとても興味深いところですが、アメリカ政府としては正式に一度も集団的自衛権の行使を解禁しろと言ったことはない。3年3カ月の民主党政権で2年間も防衛大臣を務めた参議院議員の北沢俊美さんから直接聞いた話ですが、在任中に8回アメリカのゲイツ国防長官と会ったが、ただの一度も集団的自衛権の行使を解禁しろとは言われなかったと。むしろゲイツ氏が国防長官を辞めたのはイラクでたくさんの若者が死んでいくのに耐えきれない思いからだったと側近から聞かされたと言っていました。それが国民の生命と財産を守る為政者の普通の感覚でしょう。安倍さんみたいに「軍事同盟というのは血の同盟です」（苦笑）と言う政治家は普通いませんよ。

井筒　それと安倍さんが勘違いしているのは、アメリカの最強精鋭部隊である海兵隊は大統領直轄で動ける。ところが自衛隊の場合は、陸海空の中に特殊な訓練をうけた隊員がそれぞれ少しずついるだけで、そもそも質量ともに根本的なマンパワーのレベルが違う。それなのにどんどん飛躍して、最後は邦人救護だと。自衛隊はそんな実力はもっていない。

半田　全員がレンジャー資格をダブルでとる第一空挺団は例外として、レンジャー資格をとって特殊な任務に耐えられる自衛隊員は普段はそれぞれの部隊の中に分散配属されていて、一カ所にかたまっていませんよね。

井筒　特殊作戦にかかわる隊員は、せいぜい全体で3個中隊300人ていどでしょう。

半田　そうした現状をふまえて、仮にこの法律が通った場合を考えると、実に心もとない。現在、陸上自衛隊が海外で活動しているのは、南スーダンのPKOと、ソマリア沖の海賊対処に拠点をおいたジブチでの基地警備しかない。今回、安全保障関連法が制定されたら、自衛隊員はその法律を実行できるように準備しなければならない。南スーダンのPKO部隊ではこれまでにはない「駆けつけ警護」

をやらなければならない。日本人のＮＧＯもいるし国連職員もいます。この人たちを襲撃から守るという任務が与えられたときに、特殊作戦群の３００人が交代で行ったら日本の守りは手薄になる。安倍首相は「日本をとりまく安全保障環境がますます悪化している」と言っている。「日本があぶない、日本の危機だ」と言いながら全部、海外へ出してしまうわけにはいかないでしょう。そうすると「じゃあ増員するか」という話になる。法律ができれば、それに合わせて訓練をし、足りない部分は予算の手当てをして、装備が足りなければ買う、人が足りなければ雇うとなると、とてもじゃないけど今の５兆円の防衛費では足りない。

井筒　勉強会などでも何度も申し上げていますが、法律の中身の議論も大切だが、金の話も大切だと。青天井を決めずにやるのか、それとも20兆か30兆の枠内でやるのかをちゃんと議論をしてもらわないと困ります。

現在の防衛予算は約5兆円ですが、半分は人件費です。その他に大どころでは思いやり予算でアメリカに１８５０億円前後を差し出しているなかで、新安保法制下の自衛隊がこれからどれくらいの予算が必要かぐらいの突っ込みはしてもいいのではないでしょうか。廃案に追い込むために、成立を前提にした細部の議論はしないというのではなくて。

そこで、大半を占める人件費について問題にしたいのですが、自衛隊員全体にしめる階級と年齢別の構成比の変化がとても重要です。去年と私が在任中とを比較してみると興味深いことがわかります。ＰＫＯ元年といわれた１９９２年は、いわば裾野が広い山型で。現在は中膨れのビア樽型です。つまり、若い下士官が少なくなっているのです。

つまり将棋の駒でいうと「歩」が圧倒的に足りない。現状を前提に中膨れのボリュームゾーンに海外へ行って死亡者が出ると、組織的にも予算的にも自衛隊は破綻してしまいます。中堅カードルからの実戦ノウハウの継承が途絶えてしまう。そして、あまり考えたくはありませんが、彼らが死んだらおそらく2階級特進で「殉死手当」が跳ね上がる。

防衛省としては、この層は戦死の可能性が高い海外へは送りたくない。送るとしたら若い入隊したての若手です。そうなると、防衛省のキャリアとしては若年化をなんとしても進めたいということで、私のうがった見方では、派遣法の改正も含めて意図的に貧困層からリクルートを模索するのではないでしょうか。

半田 アメリカはベトナム戦争後、徴兵制を廃止しました。しかし、新自由主義によって、貧富の格差が広がり、貧しい南部の白人や有色人種は軍隊へ入るほか希望がなくなった。結局、格差社会が生んだ「経済的徴兵制」みたいなことになる。

井筒 リクルートの問題でいうと、ネガティブな要素として自殺があります。2004年にイラクに派遣された陸上自衛隊員約5600人から20人を超える自殺者（自殺率267人に1人）が出ました（井筒「体験反安倍法制論」228ページ図版参照）。

ちょうどその時期に、市ヶ谷の人事政策の検討会議で、死んじゃった奴のことはしょうがないと、金をかけるなよという議論になったそうですが、それが防衛省トップの本音でしょうね。

安保法制が通れば、自殺者の数はイラク派遣のときの比ではないと思いますよ。1年365日、つねにどこかの部隊が順番で待機命令を出されて、隊員は家にも帰れないし、酒も飲めないし、駐屯地に缶詰になってしまう。そんなとき、上司が部下の隊員に対して（御法度だけど気を効かせて）酒ぐらいだまって買ってこいとの指示をとばし、それができない奴は使えないとかいっていじめられる。そんななかで、海外へ行く前に自殺者の数もさらに増える。

そういう不利益が生じると、自衛隊はブラック企業と見られてしまうと私は言っているんですが（笑）。そうならずに、ちゃんと社会に受け入れてもらえるためにも、安保法制が成立したら、戦争当事国になることを含めて、このように決めて自衛隊を出すんだと、この会期中に政治家が腹をくって議論してほしいと、つくづく思います。

安保法制は対日テロを増発させる

半田　先日の新聞にも出ていましたが、各国の有識者に対するアンケート調査の結果、将来にわたってアメリカが世界の大国であるよりも、中国のほうが大国になると答えている回答の方が多かった。今、日本ではその中国を警戒した法制の議論している。このことに違和感があります。たとえば冷戦時代の日本とソ連はまったくの没交渉で貿易も人的交流もない。しかし今の日中間の貿易だけでも年間30兆円以上もある。それを無視してこの国と喧嘩をしていいなんて誰も考えていないはずです。

私たちに影響が大きいだろうと思うのは、隊員のリスクですが、国会答弁でも明確に答えてくれていません。すでにイラク特措法で派遣されたあと、帰国後自殺をしている隊員が29人もいるのに政府が問題視しているようにはみえない。これらの法律ができて集団的自衛権の行使が合法化された場合、日本が戦争に巻き込まれるというのは誤解でありえないと安倍首相は言う。しかし、なぜそう言えるかについては答えない。根拠を示さない。

さらにいえば、日本という「国のかたち」が根底から変わるのに日本が世界からどのように見られるのか想像力が欠如している気がする。

今まで安倍首相と側近がやってきたことをみると、要するに「戦争ができる国づくり」までしか考えていなくて、そうなった場合に日本国民が耐えられるのかは考えていない。また、世界中から今まで日本はちょっと変わった国だけど戦争はしない、過去の戦争を反省した国になったねという評価は一転するけど、そのことも考えていない。

日本が戦争をすることによって必ずどこかの国から、あるいはどこかの人たちから、怒りを買う、恨みを買うことは間違いない。

自衛隊はイラクに行って人道復興支援といいながら、航空自衛隊は武装した米兵を輸送して名古屋高裁から憲法違反と断定された。そんな憲法違反の活動を安全保障関連法で合法化しようというわけです。確かにイラクに派遣された陸上自衛隊は「人助け」「国づくり」に徹したものの、自衛隊の派遣そのものがアメリカのイラク戦争を支援するシンボルだった。当時アルカイダのリーダーだったオサマ・ビン・ラディンは敵視する国の中に日本を入れた。そして2012年、アルジェリアで起きた石油プラントのテロ事件で40人死んだ中で一番多かったのは日本人の10人でした。すでに海外の日本人はイラク派遣によって相当危険な立場に追いやられたわけです。

イラクで米国とともに戦争をしたイギリスはロンドンの同時多発テロを、スペインはマドリードで列車爆破事件を起こされた。現在、アメリカはイラクでイスラム国を空爆していますが、この空爆に協力しているカナダとオーストラリアでもテロが起きている。

それなのに巻き込まれることはありえないと安倍首相は言い切る。だけれど、現に目の前で巻き込まれる被害が起きている、なぜその真実を見ないのかと不思議でなりません。

井筒　ボストン・マラソンですら狙われました。ほんとうに安倍さんの発言は現実を無視した独善的な答弁で困ったものです。

推進役は外務省と経産省

井筒　元自衛隊の最前線にいた人間として気になることは今回の安保法制をめぐって、官邸と防衛省との間、とくに現場の自衛官たちとの受け止め方のズレです。自衛隊を長く取材されていてどうでしょう

半田　明らかに言えることは、安倍首相の応援団で声が大きいのは外務省と経産省です。そこで外務省と防衛省の関係をみてみると、ＰＫＯ協力法ができた１９９２年からずっと敵対関係にあります。

国際社会における日本の地位を高めるために自衛隊を持ち駒のように使いたい外務省と道具のように使われる自衛隊の身にもなれという防衛省の間でずっと喧嘩を続けてきました。ただ、結果的にはイラク派遣までは大成功だったというのが防衛省の認識ですから、自衛隊も発言力を強め、国民も自衛隊を無視できない存在になったと感じていた。しかし、今回に関しては完全に安倍さんと外務省のチームにやられている。防衛省の官僚たちはもう官邸の言うことにはなにも文句をつけられない。

実際に国家安全保障会議（日本版ＮＳＣ）ができて国家安全保障局という官僚の組織ができました。

約80名いますが、そこに制服自衛官も12名入っている。防衛省からも官僚を出させられているから、いわば官邸の中に防衛省のスタッフが入ってしまった。

また彼らがいないと、あとの外部スタッフは外務省と警察庁のメンバーしかいません。警察庁と自衛隊というのは国内の治安問題ではライバル関係にあり、外務省は海外の派遣で防衛省とライバル関係だから、外務省、警察庁ときちんと議論をするメンバーを出しておかないといいようにされるので、これは参加するのはやむを得ないのです。そういう意味では、自衛隊の活用についても、不本意であってもやらなきゃいけないということが実際あるのです。

井筒　この間の安倍政権の閣僚の間に微妙な発言の差がありますよね。安倍さんのいけいけどんどんに比べると、中谷防衛大臣はどちらかというと慎重に見えますが……。

半田　それは当たり前ですけれども、要するに自分自身の問題になればなるほど慎重になって、自分から離れれば離れるほど勇ましくなるというだけのことだと思いますよ。

現場の隊員たちは、海外に行って初めて、自分たちが有事になってどの程度働けるかを肌で感じたと思います。たとえばイラクでオランダ軍が本来任務ではない学校建設をするのを見てびっくりしたり、1991年には海上自衛隊がペルシャ湾の機雷除去に行って世界一だと思っていた掃海艇が他国と比べて装備が陳腐だということに初めて気がつく。そうやって海外でいろんな国の軍隊と接したり、PKOで現地の人と話をしたりすることで自分たちを相対的に評価できるようになってきたのです。

そんな彼らにとって、今回の安保法制の議論は、自分たちが経験してきたことから遊離していて摑みどころがない。実際PKO協力法のときにはカンボジア派遣が目の前にあったし、周辺事態法のときには朝鮮半島有事の可能性があり、イラク派遣のときはイラク戦争があった。つまり立法事実がはっきりしていたので自衛隊のどこで、どのような活動があるか想定できた。危険の度合いもはかれた。しかし、今回、安倍首相が繰り返すようにホルムズ海峡で機雷除去をするといわれても、そんな事態がすぐに起きるなんてありえない。あるいはミサイル警戒中の米艦艇を守るといったって、米軍の方が能力が上なのになんで自衛隊が守れるのだとなる。安全保障関連法が成立した場合、なにを政治家からどのような活動をしろと言われるか、自衛隊のだれもわからない。だから戸惑っているのです。

井筒　一方で疑心暗鬼もあるわけですね。これが現場の自衛官の偽らざる現在の気持ちではないでしょうか。

半田　井筒さんが冒頭で、自衛隊員が入隊時に行う「服務の宣誓」を紹介されましたが、現役の自衛官たちは専守防衛を誓った言葉だとみんな思っている。見たこともない聞いたこともない外国のために自分の命を捧げるなんて誓った覚えはない。ただそうはいってももう30歳、40歳、50歳になった人たちがいまさら、不満だからといって転職なんかできない。そんな彼らからすれば、安倍政権になって突然、集団的自衛権は限定的に認められているといわれても、自衛隊に残るしかないのです。

井筒　私の同期も今45、46歳でして、この間マスコミの取材を何人かお願いをしたんですが、長年お酒をくみかわしている付き合いが長い奴でも、自衛隊は54で定年なので後もう8年9年のところで終わる。安保法制には反対だがそれを棒にふってまで物はいえない、と。それに加えて見えざる圧力は相当です。街頭演説のインタビューも受けちゃいけないし、私のような者からかかってきたときも広報に情報をきちんと出して、かつ吸い上げた情報は各駐屯地の広報担当を通じて上官に入れろと、そこまで徹底しています。2004年のイラクとは比較にならない緘口令と監視体制がしかれています。

特定機密保護法と安保法制はつながっている

井筒　最後に半田さんの専門分野である「安全保障と情報公開」について伺いたいと思います。「国家機密」を楯に、国民も末端の自衛隊員も何も知らされず、気が付くと海外で戦争が起きているなんてことになりはしないかと心配です。

半田　それは、今回に始まったことではなく、私もかねてから危惧しているところです。

イラク派遣は2004年の1月から本格的に始まったんですが、まさに派遣直前になって防衛省がこれからは陸海空幕僚長の会見を廃止すると宣言しました。突然のことでした。調べていくと、自衛隊の先遣隊とか第一次派遣隊の派遣時期が新聞に漏れて、首相官邸からクレームを受けた防衛省が腹立ちまぎれにマスコミに意趣返しをしたようなのです。

これから自衛隊員がイラクという危険な地域で活動を始める。危険な活動であればあるほど情報がなかなか表に出にくくなる。せめてもの窓口として週に1回行なわれている陸海空幕僚長の会見が廃止になってしまうと、制服組の声が聞こえなくなる。防衛省のそのときの対応はまるで逆です。活動開始というときに、憲法と照らしてこうですとか、あるいは隊員たちの活動が現地の人に受け入れられていますよとか、そう実情をどんどん発信する必要があるときに、逆に情報を絞り込もうとした。

そこで防衛省が主張した会見廃止の理由は、陸海空幕僚長の記者会見では質問が出ないことが多い、他の会見と比べても低調だからだというのです。僕はもう前から出ているからそんなことはないなと思って会見廃止を発表した官房長に、それならデータを出してください、ここ5年でも10年でも出してくださいと言って、出させたら全然そんなことはなかった。ウソだったのです。

まったく根拠のないウソを理由にして情報発信を止めようとしたわけです。ばれちゃったので防衛省は撤回して、記者会見は引き続き維持されました。

それが収まったかと思いきや、今度は外務省が、サマワ現地での防衛省の取材と記者会見にクレームをつけてきたのです。理由はこれまでのPKOとはわけが違う。国連が安全を保障しているわけでもない。外務省も邦人に退避勧告を出しているのに、防衛省が記者に取材をさせて会見をやるとは何事かと。われわれメディアとしては困ってものすごくもめました。

結局は外交の一元化で海外のことは外務省にお任せするとなって、クウェートから入った佐藤正久隊長指揮下の陸上自衛隊先遣隊が北上してサマワに入る際、何の情報も開示されなかった。そこで報道陣は出発する部隊を徹夜で見張っていて、動きだしたとたんにみんなでカーチェイスのようにサマワまで追尾した。もし悪意をもって攻撃をしようとする人たちから見たらこれほど目立つ存在はない。なにしろ自衛隊の車列に民間のトラックやバスや車がいっぱいくっついていくのだから、狙ってくれといっているようなものです。そういうことが現実の問題として起きてきたので、途中から防衛省は記者会見をするように変わったのです。

当時はまだ憲法違反といわれていなかったイラクのPKO活動でさえこのように情報を絞り込んで国民に知らせないようにする政府の姿勢があったのです。

すでに去年の12月から特定秘密保護法が施行されました。海外活動が本格化していくとオペレーションそのものが「特定秘密」になる。現在は、実施計画までは閣議決定して国会で報告され、その後の実施要領も詳細はともかく概要は公表されています。

しかし、安全保障関連法が成立すれば、今まで以上に活動が危険になりますから、秘匿度が高くなって、実施計画までが特定秘密になった場合、どこの部隊がいつなにをやるかはいっさい言えませんとなる。そしてさらに恐ろしいのは、もしそれを報道しようとすると記者が隊員を教唆して情報をとった可能性があると言いがかりをつけ、報道機関全体が萎縮するようなことも起こり得る。

特定秘密保護法も今回の安全保障法制も、すべて安倍政権が企図したことです。由々しきことですよ。なにしろ新聞をこらしめるにはスポンサーを引き上げればいいと大真面目に言う人たちがサポーターとして支える安倍政権ですから。

井筒　おっしゃるとおりで、下手すると自衛隊の自殺者の数だって、自衛隊の精強度が相手にわかってしまう、あるいは隊員募集に支障をきたすなどの理屈をつけて情報公開されなくなるかもしれません。

いや、すでにそれを予兆することが起きています。

東京都の中学や高校が自衛隊の駐屯地で防災訓練をやっていることを問題視している市民団体があって、東京都に今後の防災訓練に関する情報の公開を請求したところ、これまではすんなり出てきたものが、全部黒塗りで日付と防災訓練をすること以外はすべて黒塗りだったというんです。理由は「自衛隊の活動に支障をきたすから」。防災計画の内容がわからなかったら訓練のやりようがないじゃないですか。

そんなことですらクローズしてしまう組織にしてしまって、ほんとうに平和とか国際貢献は達成しうるのか、はなはだ疑問です。

私としては、今回の集団的自衛権の行使にまでいきついたのは、やはり特定秘密保護法を通しちゃったことにあったと思います。すべてはそこからなのかなあと。

あえて現実を見ようとしないマスコミの劣化

井筒　マスコミが非常に厳しい情報統制におかれてしまうという事態はどんどん進むだろうということはわかりますが、それを突破するマスコミの力をわれわれ国民は信じていいのか。どうも最近のマスコミは、防衛問題に限りませんけど、官邸にやられてしまっている感じがしますが、防衛省の記者クラブも含めて、防衛関係のマスコミの現状はどうでしょうか。

半田　それはもう記者クラブのレベルじゃあないですよ。会社として腹をすえてやるかやらないかというだけのことです。僕もイラク派遣のときに空輸している中身が米兵であってしかも定期便化しているという記事を書いたんだけれど、他社の記者たちにも僕と同じ風景が見えるチャンスはいくらでもありました。でも同じ風景が見える可能性があるにも拘わらず見えない人もたくさんいる。

井筒　あえて見ようともしないのではないですか。

半田　残念ながらそうかもしれない。それはもう記者の能力とか会社の判断とかいろんなものが複雑にからまった結果起きていることです。

井筒　政治も劣化しますがマスコミの劣化もすごい。

半田　明らかに僕らが入ったときより記者の数が少ないわけです。遊んでいる人間がいないといい記事は出ない。まさに「貧すれば鈍す」は、わが業界も一緒です。それに加えて、自民党の特にテレビ局への圧力が強まっている。新聞をとっていない人はいてもテレビを見ない人はいないと思うので、テレビに対する有形無形の圧力が言論を委縮させています。これが戦争前夜ということなのかと思わなくもないです。

井筒　本当に怖ろしいと思います。そうならないように、半田さんたちジャーナリストには踏ん張ってほしいと願うことしきりです。

〈安保法制と現場の自衛隊員〉

売られてもいない他人の喧嘩を買う愚行

泥 憲和

（元自衛隊防空ミサイル隊員）

どろ のりかず

1954年、兵庫県生まれ。泥は珍しい名前だが本名。中学卒業と同時に自衛隊少年工科学校に入学。卒業後防空地対空ミサイル部隊要員として青森に配属。除隊後、法律関係の仕事に就き「多重債務」や「生活保護」などの社会的問題に取り組む。2014年初頭に「悪性リンパ腫」の診断を受け、現在治療の傍ら、反レイシズム運動における関西のリーダーとして活動。著書に『安倍首相から「日本」を取り戻せ!!』（かもがわ出版）

●聞き役●井筒高雄

「集団的自衛権は他人の喧嘩を買うこと」

井筒　それにしても、泥さんの昨年6月末の〝街頭デビュー〟は衝撃的でした。神戸三宮の安保法制反対の街頭行動に飛び入り演説をされ、それが東京新聞の1面に「集団的自衛権は他人のけんかを買うこと　元自衛官平和を説く」と大きく報道されました。ちなみに、泥さんの演説の中で、私がもっとも共感し、しばしば引用させてもらっているのは、次のフレーズです。

「売られてもいない他人の喧嘩に、こっちから飛び込んでいこうというんです。それが集団的自衛権なんです。なんでそんなことに自衛隊が使われなければならないんですか。縁もゆかりもない国に行って、恨みもない人たちを殺してこい、安倍さんはこのように自衛官に言うわけです。

君たち自衛官も殺されてこいというのです。冗談ではありません。自分は戦争に行かないくせに、安倍さんになんでそんなこと言われなあかんのですか。なんでそんな汚れ仕事を自衛隊が引き受けなければならないんですか。自衛隊の仕事は日本を守ることですよ。見も知らぬ国に行って殺し殺されるのが仕事なわけないじゃないですか」

いやはや、わが自衛隊にはこんなすごい大先輩がいたのかと、百万人の援軍を得た気分になりました。

泥　たまたまで去年の2月に癌が見つかって医者からあと1年もたないと言われて。だったらちょうど3月で定年なんで、それをきっかけに仕事をすっぱり辞めて、あとは癌保険がおりるから「好きなことをさしてな」とかみさんに言うと、かみさんも「そういう事情ならだめとは言えへん」と。

それまで平和運動の裏方をやっていたけれど、人前に出てしゃべったことはなかった。思うことはいろいろあったけれど。でも、あと1年を後悔せんように生きなあかんなあと思って発言をすることにし、本も出したんですわ。

井筒　そんな勇気ある大先輩と存分に話せるので、本日はとても楽しみです。

では、一般の人にとっては遠い存在である自衛隊について、「へえそうだったの」という元自衛隊同士ならではの内輪話から始めたいと思いますが、いかがでしょう。

泥　いいねえ。一般の人の自衛隊に対する誤解・曲解ってすごいものがあるからね。まずはそれを解いておかないと。安保法制のどこがどうのといっても届かないもの。井筒さんと会うのは2回目だけど、やはり元自衛官ということで、普通の反戦平和の人たちとは違って共感することがいっぱいあるから、「これぞ自衛隊の実話と本音」で盛り上がりますか。ただし、同じ元自衛官といっても、バリバリの実戦部隊レンジャー出身の井筒さんと違って、俺はヘタレのミサイル部隊だから。

井筒　何をおっしゃる。われわれの時代の普通科は漢字で自分の名前が書けて九九が言えたら入れましたが、泥さんは防大に次ぐエリート層をつくるといわれた少年工科学校出で、雲の上の人。ヘタレどころかミサイルに行こうと思ったら賢くないといけない。私のようなレンジャーなんて体力があればなんとかなる。

少年工科学校出は防大出の次を担うエリートの将校。その下に二等陸曹の高卒の候補生の層があって、われわれはさらにその下の任期制の非正規雇用（笑）。同じ自衛官でもスタート地点がまったく違います。自衛隊には、そういうヒエラルキーがあり、少年工科学校生は15歳から国家公務員で、務め上げれば、佐官にもなれます。

泥　佐官どころか、同期の出世頭は陸将になって北部方面総監までいった。もっともいったんは防大に行ったが。同じく防大に行って航空に移って空将補になったのもいる。しかし、入った頃はそれを実感したことはまったくなかった。そのうちにわかった、僕ら防大の次や。そんなに期待されているのかと。確かに自衛隊に入って中央観閲行進で防大の次が少年工科学校だったのが嬉しかったわ。

井筒　僕ら普通科の兵卒は、観閲式の時期になると、朝霞駐屯地で朝4時半から草刈をさせられましたから。

泥　ハレの舞台もあったんじゃないの？

井筒　雅子さまと浩宮さまの結婚式で儀仗隊をしました。レンジャーを卒業したご褒美で。

泥　それは恰好いい。大したもんや。井筒さんは普通科のエリートで、こっちはエリート候補のおちこぼれや（笑）。

井筒　一般読者には、同じ自衛隊といっていってもずいぶんと幅があることがわかってもらえたかもしれないので、それをふくめて国民の中にある自衛隊への誤解を具体的に解いていきましょうか。

「自衛官は右翼」は国民的曲解

泥　現役時代は、自衛隊に対する国民の嫌悪、忌避感がなんとも切なかった。僕が入学した少年工科学校は横須賀にあって、当時はベトナム戦争まっさかりで、米艦船が寄港するたびにデモや集会があって外出禁止になった。それだけでなく、もしかしたらデモ隊が米軍基地だけでなくこっちにまでくるかもしれないというので、木銃を持って駐屯地で訓練と称して鉄柵のこちら側で警備をしたこともあった。

井筒　私の場合はさらにねじれた思いを経験しています。勤務地の朝霞駐屯地では、恒例の陸上自衛隊の観閲式がありますが、警備にわざわざ機動隊が来るんです。で、その機動隊に対する訓練は、私の所属していたレンジャーがやる。機動隊だけでなく、消防やＳＰへも。陸自ではレンジャー訓練は死者が出るのが前提なんですが、彼らには死傷者が出ない程度に暗殺阻止の仕方などをちゃんとおさえて伝授するんです、自衛隊のレンジャーがね。それなのに、朝霞駐屯地で毎年、総理大臣が来て行なわれる自衛隊観閲式という晴れ舞台は機動隊が警備するんですよ。

泥　国民感情を刺激しないようにという配慮なんだろうが、裏を返せば、それほど国民の中には自衛隊を認めない世論も強かったということだろうね。それでも、一朝事あらばこういう国民を守るために諸君は命をかけるのであるとの訓示を受ける。嫌っている人を守らなければならない、ここのところの国民と自衛隊員との乖離が悩ましい。

井筒　そういう自衛隊の実態をわかる国民であってほしいし、そういう政治をきちんと司る人を選んでもらいたいですよね。

泥　僕は講演に呼ばれると、必ずこう言うんです。自衛隊は右左関係なく自民党であろうが共産党であろうが国民を守るのが務めなんだ。なにも自民党政権を守るのが自衛隊じゃない。ただ今の自民党政権が悪いからその自民党政権が持ち上げる自衛隊も自民党政権と同じように思われているけど、それは違う。そう話をすると、うれしいことに、そんな話は初めて聞きました、自衛隊に対する意識が変わりましたという感想が来る。

井筒　私も、去年の春から全国各地をまわってつくづく実感できたのは、一般の人々は、なんかハリウッドの映画みたいなカッコイイ戦争というのを思い描いたりしていて、実際の戦争の実態をまるで知ってないと。自衛隊は単に人殺しをする集団だと思われていると知って愕然としました。

泥　あるいは自衛官なんてみんな右翼だと思われている。そんなん、実態とは違うのに。

井筒　ＯＢの柳澤協二さんも言っていますが、防衛省では伝統的に右翼チックな人と超左翼チックな人というのは採用されないそうです。それもあってか、今の安保法制に一番抑制的なのは実は防衛官僚と防衛省で、一番の推進派がアメリカに通じて頑張ろうとしている外務官僚、その次が特定秘密をつくった警察官僚だと。

その話を聞いて、残っていたらよかったかなあとちょっと思ったりもしましたが（笑）、われわれ叩き上げ組も、エリートキャリア組も抑制的なんですね。そこがどうも国民には伝わっていないのが残念です。かつて私も私の仲間たちも、何か右翼チックな動機で自衛隊や防衛省をめざしたわけではない。泥さんはどうですか？

円谷幸吉にあこがれて入隊するも挫折

泥　僕が自衛隊に入ったのは１９６９年、ベトナム戦争まっさかりの時でした。父親が自転車屋をやっていたのだけれどだんだん左前になってきて、高校へは行かしてもらえそうにもない、かといって就職もしたくないと思っているときに、ちょうど少年工科学校で訓練中に13人が死亡するという事故があって、大きく新聞に載った。それを〝軍国親父〟が見て、なんといい学校があるんだ、お前ここに行けと。聞くと給料をもらって勉強もできて高校卒業の資格もくれ、卒業したら三曹になれる。パンフレットには観閲行進の写真があってカッコいい。将来は電気の仕事をと思っていたので、電子工学の課程もあるし、よし行こうと決めた。別に国防意識もなんにもなかった。

井筒　昔から少年工科学校には賢くて体力がないと入れません。中3の時の成績が3、2、1だけで、陸上の推薦枠でスポーツで知名度を上げようという私学になんとか滑り込んだ人間とは大違いです（笑）。

泥　パンフレットに平均競争率16倍とか書いてあって、ダメもとで受けたら通ってしまった。

井筒　でも、15歳でいきなり「気を付け！」は、とまどいはありませんでしたか。

泥　あれよあれよで考える暇もない。3月に学校に入って8月に夏休み2週間あるんだが、夏休みが終わっても帰ってこない人もいた。でも自分の実家は田舎で、周囲の人たちの意識がまだ戦時中とあまり変わらない。うちの父親が少年工科学校というのは陸軍幼年学校みたいなところだと吹いて、それはすごいというんで村中から餞別が集まった。そうなると、もうやめるにやめられないしね。

井筒さんの入隊の動機は？

井筒　私の実家も商売をやっていて八百屋でした。小学校4年生ぐらいのときに隣り駅に大手スーパーができて、地元商店街の客がごそっとそっちにもっていかれると、親父なんかも反対運動をしてました。そんなわけで決して裕福な家庭ではなかったので、大学は無理かなと。そこで白衛隊体育学校なら、好きな陸上をしながら3食つくし寝るところもタダだしと。

母親は何かあったら戦争に駆り出されるのではないかと、反対というか消極的でした。お金はあとでどうにでもなるから大学へいって好きな陸上を続けなさいと。でも、こっちは親の心子知らずで、自衛隊体育学校の陸上班に入って円谷幸吉さんのように、みんなに日の丸を振ってもらってオリンピックに送り出してもらえるかもしれないと夢をみていました。

ところが、最初の3カ月間で「きみは一般部隊の駅伝部とかで普通に楽しんでやったほうがいい」と引導を渡され（笑）、普通科の配属になりました。体育学校上がりというか下がりは体力はあるけどまったく使えないというので、糧食班に回されて。演習時には4時半ぐらいに起きて——天ぷらってこうしてきつね色にあがってきたところですくうんだと（笑）教えてもらいながら、隊員の食事の用意をしました。また実射の警護——砲を固定するために200キロもある装備を運んだりもしました。そのうちこのまま裏方は嫌だと戦闘部隊のほうに——大砲を組み立てる部隊から、大砲をどっちの方向に向けるとか、どれくらいの火薬をつめるとか、作戦にあわせて弾頭を煙幕用にかえるとかを判断する射撃指揮班にかわって、得意じゃない数学の二次関数で四苦八苦しました。

泥 それで人も怖れるレンジャーへ行ったのは？

井筒 上官から、2年期目の21歳のときに自衛隊に残ったらどうだ、今後の昇進を考えたらレンジャー教育を受けておけと言われまして。自衛隊でこれ以上苦しい訓練はないから三曹の選抜試験なんて屁のカッパだ。教育隊長賞をもらって、最短のたたきあげのコースを歩めるぞと。で、その気になったのが半分で、実はもう半分の理由がありまして。朝霞駐屯地には婦人自衛官の教育隊があって、北海道から沖縄までの婦人自衛官がやってくる。彼女たちにとってレンジャー学生は憧れの的で、レンジャーバッチを付けて卒業すれば向こうからよってくると。それを信じて行ったのですが、辛い訓練をこなして戻ったのに、現実は、レンジャー学生なんて信じられない、なんでそんなところへ行くのと、ドン引きされて（笑）。

理不尽な〝教育的指導〟と服装点検

泥　そんな安直なことで厳しくもリターンの少ない訓練をうけたわけ。

井筒　申し訳ありませんが、実に軽くて軟派なノリでした。レンジャーなんて、特殊な人間ではありません。確かに訓練は厳しかったですが、当時の隊内生活ってなんか夏休みの合宿とかの延長線上みたいな感じでしたね。

唯一嫌だったのが1期上の先輩への絶対服従。例えば先輩が酔っぱらって帰ってきて夜中に起こされても相手をしなければいけない。嫌ですなんて言った日にはもう大変で、談話室に同期全員集合。理不尽にぶんなぐられるとか、けりを入れられるとか。

泥　少年工科学校はそういうことはなかった。自衛隊にいた間、体罰を受けたことは1回もない。腕立て伏せはあるけどね。

井筒　プッシュアップですね。私たちもレンジャー教育ではぶんなぐられたりはしなかったですけども、ペナルティはうけました。全部プッシュアップで1秒1回。どうしても5分10分遅れてしまう非常呼集は日常茶飯事で。教官から「時間に遅れてレンジャーのミッションが果たせるのか。10分遅刻だから、1秒1回で600回。一括でやるのか分割でやるのか10秒以内に答えろ」と言われて「分割でお願いします」。

そういう訓練を一般隊員が遠目でみている。レンジャー教育の前期は駐屯地でやるのでもう見世物です。あんな姿を見られたらもてるわけはないと、納得がいきました。

それと辛かったのは服装点検です。どんなにぴっちりしていても、ボタンのところからちょっと紐が出ていたとか、鼻毛が見えているとか、最後は眼鏡のレンズのよごれまで言われましたからね。

泥 それはやられる。少年工科学校でもとにかく学校の中で上級生に会ったら絶対に敬礼で。ちょっと遅れたりすると難癖をつけられてラインがまっすぐになっているかと。まっすぐでも、「よしまあいい、腕立て伏せで我慢してやる」と。わけがわからない。ずれていたらどうなんやと、ずれていたら腕立て伏せやろう、まっすぐなのに腕立て伏せで我慢してやるとは、それってなんだと（笑）。

「反戦歌を唄ってもよし」

井筒 確かに、訓練がきつかったり、理不尽な〝指導〟もありましたが、私の場合は、仕事だから演習に行きます、訓練します、武器を手入れします、その延長線上にレンジャーがあっただけの話です。一部の国民が誤解・曲解しているような国粋主義者の武闘集団ではありません。また、そう教育されたこともありませんでした。

泥 それどころか僕らの年代はむしろ逆ですよ。僕が入ったのは1969年なのでベトナム戦争真っ最中で反戦デモはガンガンあって。学校長は陸軍士官学校出の旧軍経験者でしたが、旧軍的な教育を受けることはなかった。入校すると、われわれは15期なので2期上の13期の指導生徒が付く。その指導生徒が学校の説明をしてくれたときに、一人の同級生が質問した。「反戦歌を唄っちゃあいけませんか」「反戦歌ってなんだ？」と生徒指導が訊き返すと、「『坊や大きくならないで』とか『戦争を知らない子供たち』とか僕好きなんですけども自衛隊ではそういうのを唄っちゃあいけないんでしょうか」。すると驚いたことに、指導生徒はこう答えた。「いいんじゃないか、べつに反戦歌。だってよお、自衛隊は戦争はしたくないぞ」と。

井筒　泥さんより16年ほど年下ですが、その雰囲気はよく分かります。私だけでなく同期の気分もそんな感じだと思います。軍歌も歌ったけれど、演歌もニューミュージックも自由に歌っていました。

今回の安保法制もそうですけど、戦場に行かされる現場に近ければ近いほど慎重です。戦争のリアリティをよく知っているから、こんなのだめだ危ないよと。もちろん現役は政治的な発言はひかえなければいけないから声を大にはできないと思うんですけれども。逆に、法律をつくる側の国会議員は、自分は戦場へ行かないのを前提につくっているわけで。だからイケイケどんどんで……。

泥　安倍さんがどこかの民放のテレビ番組に出たときに「国のために命を捨てることができるか」という設問に対して「わかりません」といって三角のボードを出した。ネットにその時の映像があがっていますが、いくらなんでも「わかりません」はないだろう。そんなの最高指揮官としてやめてくれよ。そういう連中に僕らは殺されるのかと、知れば知るほど現場の自衛官としては納得はいきませんよ。

われわれのときはそこまで切迫したことはなかったけれど、今言ったように反戦歌なんかが流行歌になるような時代だったわけです。当時ベトナム戦争の最中なんで、革新連合政権ができるかできないかみたいな議論がこっちにも伝わってくる。まだ、子どもだけれどもそれなりに気になったし、少年工科学校でもし革新政党が政権をとったら俺たちはどうすべきかが話題になった。真っ二つに意見が分かれてね。社会党や共産党の政府を守る気はない、俺は自衛隊を退職するという奴と、違うぞと、自衛隊というのは自民党を守るための部隊じゃない、国を守るための組織なんだから、どの政党が国を指導しようが日本というのは変わりないから、俺はその国を守るために戦うというのとに分かれましたね。後者のほうが若干少数派だったけれどね。

安保法制は「アリスの不思議な国」の架空の議論

井筒　20年以上も前に、15、16歳の自衛官の卵がそんな本質的な議論をしていたとは、驚きです。それに引き換え、今の国会の議論はひどいですよ。泥さんは、当時、そういう議論をしながらベトナム戦争に巻き込まれるという実感はありましたか。

泥　実際上の戦争の恐怖というのは感じたことはなかったねえ。

井筒　そうですよね、自衛隊は憲法に守られていましたから。海外へ行さかれることはない。私たちもレンジャー教育に行って、遺書を書いたり実弾での訓練とかでこれが軍隊なんだとか、戦争の怖さなんだという疑似体験みたいなものはありましたけど、それでも1992年のPKOの時ですら戦場にわれわれが出ていくことは絶対にないという、そんな空気でしたよね。

よもやそれからたったわずか22、23年後にこんなことになろうとは、思ってもみませんでした。いまや自衛隊員のリスクは確実に高まっていると思います。1992年のPKO協力法の議論を振り返って、政治の側に海外で自衛隊を運用することへの危機意識が相変わらずない。何も変わってない。

隊員が死んでいくことに対する慈悲の心もなければ、それで隊員の家族がひょっとしたら路頭に迷うことに直結する話なのに、そういう隊員の家族に寄り添うような政治のアプローチがみじんも感じられなくて。

泥　この頃いろんな講演会で必ず言っているのは、安保法制は憲法違反だと、それはいい、確かに憲法違反だけれど、事は憲法とか法律論の問題じゃないでしょう、安全保障の問題というのは。ほんとうに必要であれば憲法を変えなければいけないし、憲法が想定してない事態に対応しなければならない。理屈の上で文言として合っている、合っていないという世界の話ではない、実際に弾が飛んできたりする話なんですと。

そういうふうに憲法の文言の話で片が付くか付かないかということを言っているから「お花畑だ」と言われるので。もっと具体的な現実の話として立ち向かってほしい。一方、向こう側が言っている現実論、安全保障の危機というのはこれまたまったく現実離れした話で、だから現実離れした同士が現実離れした架空の議論をして空中戦をして、その結果どっちかが負ければ自衛官が現実の弾が飛んでいるところに行かされるという、なんだか「アリスの不思議な国」にいるような気がするね。

井筒　世界と日本の平和のことを一生懸命考えながら、安保法制までもってきたというよりは、アメリカにほめられちゃったし接待を受けちゃったし、俺は歴史に名を残したいからと。安倍さんと取り巻きからは、将棋の駒なんだから戦争をして死んで当たり前、自衛隊にそのために入ったんでしょうという、そんな思いしか伝わってこない。

挙句の果てに無理やり外国に出されて死んで帰って来る、あるいは負傷してもどってきてＰＴＳＤ

になっても、国民からは白い目で見られて自衛隊は評価されない。それでは自衛隊員の家族はたまったものじゃない。

泥　日本みたいにテロに弱い国はないのに、海外に行ったことで国内でとんでもないことが起こる可能性が高くなった。

井筒　私がテロリストだったら福島第一原発を狙いますね。4年たっているのに屋根もかけずに無防備そのもの、やってくれと言わんばかりじゃないですか。

泥　もしもテロなんかあったら、まず自衛隊が逆恨みされますよ。送り出した政治家じゃなくて実際に行った自衛隊が恨まれる。自衛隊は憲法違反だとずっと言われてきた日陰者だから、攻撃しやすい。

イラクに派遣された自衛隊、派遣する官僚と派遣された自衛隊との温度差はかなりあると思うな。だってもともとは派遣した奴が悪いんでしょう。にもかかわらず派遣された自衛隊は何もしていないだとか、やれ給水活動もしていないとか、宿営地にこもりっきりだとか、ぼろくそに言われた。そんな中で自衛隊だけです、現地の人から「本国に帰らないでここに残ってくれ」と言われた部隊は。現場の自衛官はほんとうに頑張った。無理な命令に従って文句も言わずに。

井筒　私ももう少し評価してあげていいんじゃないかと思いますね。結果論なんですけども、人を殺さずに戦死者も出さずに任務をやりおおせたのだから。自殺者はかなり出しましたが。

泥　ペトレイアス方式といって、治安確保の方法を米軍はイラク派遣の自衛隊の成果から学んだというのを聞いたことがある。つまり力ずくでやってもだめなんで民生安定をメインにして、地域が安定したらそこに混乱を持ち込もうとしている奴らを悪者にして孤立化させていく。つまりゲリラ勢力を孤立化させていくという戦略というのが編み出されたんだけど、自衛隊のあの活動を参考にしたというのね。

実際サマワの、ムサンマ県というところはオランダ軍が治安維持をしていたけれども、その中のサマワで活動をした自衛隊のところは治安はよかった。オランダ軍自身は小規模だけども市街戦をやって戦死者を出して自衛隊を守るはずが自衛隊よりも先に撤退したもんね。

「お花畑にいる」護憲派にも物申す

井筒　このまま場当たり的にやっていては日本はもたないですよね。仮に廃案にしたところで、また第二の安倍さんが出てきてまた同じことをするというのでは、問題です。ここは政党や党派をこえて、冷静かつ建設的にきちんと安全保障と自衛隊について議論をつめる――すなわち現代の戦争とはなんぞや、そこで自衛隊を運用するにはどんなリスクがあるのか、そこをきちんと突き詰めたほうがいいと思いますね。

泥　それはそうなんだけれど、ただ僕がいつも言っているのは、そういった詰める話は改憲派を叩き潰してからゆっくりしましょうと。というのも、僕は護憲派ではあるけれど、他の護憲派とはだいぶスタンスが違う――つまり「安全保障のために自衛隊が必要で、憲法第9条は自衛隊を否定していない」という立場です。

いわゆる護憲派は「お花畑にいる」ところがあって、それがほんとうにネックだと思うけれども、今の自分とは護憲という方向では意見は一致しているんだから、そこで〝内輪もめ〟はよそうと思いながらやっているんです。ただし、その根本の違いのところはちゃんと考えてねと頑迷護憲派には常々言っています。

一昨日神戸で学生が企画してくれた講演会に共産党の議員秘書が来て挨拶され、志位さんの話になったので失礼かなあと思いながらこう釘をさしました。

「護憲派政党は自衛隊は憲法違反だと言いつつ、いますぐになくすことなく、日本に対して急迫不正の侵害があれば、自衛隊をも活用して防衛すると言いますね。でもこの言い方では自衛官は納得できないと思います。自衛隊を活用すると言いますが、それは自衛官が命をかけて戦うことを意味します。他方で自衛官は本来ならばいてはならない憲法違反の存在だと。そんなことを言われてまで、よしがんばるぞと命を懸けて働けるでしょうか」と。

井筒　志位さんも安倍さんも、現場のことを知ろうとしないのか、わざとあえてそこを掘り下げないのかわかりませんが、その点では同じですね。

泥　理念の話、観念の話にしてしまう。だけど事は理念の話じゃないからね。2004年の自衛隊のイラク派遣のときの議論も同じです。イラク派遣は絶対間違っていたと僕も思うし、大枠では左派の人たちが正しいと思うけれども、具体論でいえば左派の人たちもひどい。現体制を批判しておけばそれでいいので気楽かもしれないが、命令が下ればいやでも応じるしかないのが自衛隊なのに、命令を下す官邸や防衛庁にではなくて派遣される部隊に文句を言っても、それは筋違いだよと思ったね。

井筒　自衛隊員がどんな訓練を受けて、どんな思いで行くかとかということもわかってないのにね。隊員はほんとうに武器をかまえて殺すことを是として任務についているのかといったら、実は訓練をしながらそんなことはしたくないし、そうならないでほしいと一番願っている。なにしろ自分の命がかかっている話ですから。だから何度も言いますが彼らは実に抑制的ですよ。

泥　先ほど、少年工科学校時代に13期生の先輩から言われた「自衛隊は日本最大の反戦組織なんだよ」は、今でも自衛隊の中では生きていると思いますよ。

井筒　柳澤協二さんも「自衛隊は最大の抵抗勢力になりうる」と言われて、こんな調子で運用されては現場の自衛隊員が気の毒だと。おっしゃるとおりです。

泥　ところが安倍さんを頂点としたあちら側には戦争のリアリティがない。自衛官を道具のように思っている、人間扱いしていないということで、僕はものすごく反発を覚えて腹が立つのよ。でも、左派の人たちだって反自衛隊運動をあたかも政権奪取運動、革命運動の道具にするだけで自衛官のおかれているリアルな立場をほんとうに考えているわけではない。

平和運動を担っている高齢者はベトナム反戦運動の経験者が多いです。その人たちに、ベトナム戦争のことを考えてもらいたい。

ベトナムの人たちは、アメリカの侵略に対して民族自決と民族独立を守るためにほんとうに頑張って戦った。あの戦いは否定できないでしょうと。国の独立はどんなに犠牲を払っても守らなければいけない、ベトナムの人たちはそう考えて戦ったんです。だが民族の独立は守れたけれど、その崇高な戦いで100万とも300万とも言われるベトナムの人たちが亡くなり、手足をなくし、家を壊され、町を焼かれた。戦争それ自体はほんとうに悲惨だけれど、彼らが民族と祖国のために命をかけて戦ったことは否定できないでしょう、と。

井筒　私も泥さんの受け売りですが、ベトナム戦争のエピソードは時々使わせてもらっています。戦争の最終局面では、軍隊は最終的に逃げて助けてはくれない、と。サイゴン陥落が決定的になると、米軍は自分の命のほうが大事とばかりさっさと逃げ出した。そのとき逃げられなかった外国の軍隊があった。どうなったか。非武装の赤十字が、ベトコンの人たちに「この人たちは戦えません」と自分の命と引き換えを覚悟で説明して逃がしてやった。これが戦争のリアリティですよと。

思えば、先の太平洋戦争に始まってソ連によるハンガリー侵攻からイラク戦争まで、全部大国の論理で戦争が仕掛けられて、泥沼化し、最後は戦争を始めた当事者の大国が友軍や守るべき人々を見殺しにして逃げ帰った。戦後70年間で一度としてうまくいってないこの轍を、安保法制でまた踏もうというのかと。

泥　安倍さんは盛んに言ってますよね、海外有事のとき日本人を米軍が守って避難させてくれる、その米軍を守らなくてどうすると。でも、米軍が日本人を守ってくれるなんてことは幻想です。そのことは、アメリカ国防省のホームページにちゃんと書いてある。アメリカ市民でさえ軍隊に余力があるときだけ救助すると。

井筒　さらに言うと、国連も自衛隊が海外に出て行くときの安全の担保にはなりませんよね。所詮は戦勝国がつくった国際機関ですから。この間も、ある講演で、勢いあまってついそこまで言ってしまったら、ドン引きされたのでそこで寸止めにしましたが（笑）。

泥　ちゃんと空気を読むんだ。素晴らしいなあ。僕はそんな空気はよう読めんわ。だけど確かにそのとおりで、もしも日本のほうが先に手出しをしようもんなら国連の敵国条項が浮き上がって来て、厄介なことになりますよ。

自衛官からも共感のエール

井筒　ところで、泥さんが街頭行動デビューしてからの、反応はいかがですか。私はすごく衝撃的でしたが。

泥　実は、こんなに支持されるとは思ってなかった。

井筒　その理由はなんだと思われますか。

泥　「日本を守ることは当たり前だ」というメッセージを前面に出したことが受け入れられたのだろうね。とかく平和運動をしている人たちには、日本を守るということに拒否感というか嫌悪感がある。でもそれでは運動は広がらない。どうやって伝えればいいか彼らもずうっと悩んでいた。そこを僕が簡単に突破した。日本を守るのは当たり前、だけど集団的自衛権は日本を守る問題とは違う、事柄をわけて考えようと。

井筒　自衛官からの反応はどうですか。

泥　フェイスブックなどへメッセージが来る。何人もの現役から「泥さんに共感します」と来たし、少年工科学校の後輩からもありました。結構あります。一番びっくりさせられたのは、氏名はもちろん旧勤務地も明かせないけれど、東京新聞に記事が出たときに、それを読んだ工科学校時代の後輩から連絡があった。「泥三曹という珍しい名前だったのでもしかしてと連絡を入れました。退職して今も自衛隊関係の仕事しているので表には出られないんですが、官邸前抗議に行っています」と。

井筒　それはすごい。私の場合は、官邸前とかで演説していると、「実はうちの孫がとか、うちの子どもが自衛隊員で、長男なんだけど海外へ行かされるんですか」と、おそらく家族の方から訊ねられることがよくあります。そんなときはこう答えるようにしています。「レンジャー教育には、長男、次男、三男は関係ない。私の立場から確定的なことは言えないが、服務の宣誓も含めて、危険をかえりみずということを前提に入隊されているので、当然ながら派遣命令の対象にはなるでしょう。それを忌避したければ、依願退職を検討されるのが賢明ではないですか」

一方で、私もブラックリストに載ったのか、マスコミに出るようになってからは、同期や後輩に電話をしてもまったく出ないし、留守電やメールを入れても応答なし。保安隊の厳しい締め付けにあっているのでしょうかね。

泥　僕ももう同期会にも出られないと思う。同期会に行ったら、中央の調査学校の教官になったのが来ていて、「ほんとうだったらてめえと俺とこんなふうに酒を飲めないんだぞ。わかっているのか」と言うから「わかっているわい、同期だから一緒に飲んでやってるんだ」と（笑）。そして、向こうの捨て台詞は、「共産党になりやがって」と。いや違うっていうのに。

井筒　実は私のことも日曜版も含めて「赤旗」で紹介されているので、井筒はきっと共産党から選挙に出るんだという噂を立てられました（笑）。無所属の無党派市民という立ち位置は昔から変わりませんけど、呼んでくれたら自民党の機関紙に出ることもやぶさかではありません（笑）。今のところお声のかかっているのは共産党の「赤旗」と社民党の「社会新報」だけですが。

泥　じゃあ最後に井筒さんに確かめておこうかな。本音のところ今の自衛隊をどう思ってる？

井筒　嫌いじゃないですよ。いや好きですよ。泥さんは？

泥　俺も自衛隊好きや。あり方はおかしいけど自衛隊ってええとこやん。

井筒　ただし、今のようにクローズアップされて表に出るのは決していいとは思いませんね。

泥　そうや。自衛隊は裏方というか縁の下の力持ちに徹して、いつでも出られるぞと黙々と存在価値を発揮できるように位置付けるべきだと思うね。

〈体験的反安保法制論〉

自衛隊と日本はどう変わるのか

いづつ たかお

1969年、東京都生まれ。高校は陸上部（長距離）の主将。卒業後、円谷幸吉氏にあこがれて自衛隊体育学校をめざし、1988年陸上自衛隊第31普通科連隊に入隊。自衛隊体育学校集合教育へ。1991年レンジャー隊員となる。1992年PKO協力法が成立。1993年、海外派兵の任務遂行は容認できないと3等陸曹で依願退職。大阪経済法科大学卒業後、2002年から兵庫県加古川市議を2期つとめる。

井筒高雄

（元陸上自衛隊レンジャー）

現役自衛官に「服務の宣誓」のやり直しを

本書では、これまでに憲法・外交・軍事・経済・情報公開などのプロフェッショナルからお話をうかがって、今回の安保法制のどこが問題なのかを、つぶさに検証してきました。おかげで、にわかインタビュアーの私にとっても、問題点を多面的な角度から検討することができて、ますますこの安保法制は深刻な欠陥品で絶対に成立させてはいけないとの確信を深めました。

さて、軍隊では最後尾を殿（しんがり）といい、背後をつかれないよう隊全体を守る地味だが重要な役割を担っています。ここ殿の章では、元陸上自衛隊レンジャーであった私がその体験をふまえて、この安保法制が成立したら地球の裏側にまで派遣される可能性がある自衛隊員の立場や心情から問題点を明らかにして、一騎当千の将のみなさんのここまでの見事な戦いぶりの総支えを果たしたいと思います。

最初に、私が問題にしたいのは、自衛隊に入隊するにあたって必ずしなければならない「服務の宣誓」（**図1**）についてです。結論を先にいうと、安全保障体制を改めるというのであれば、「服務の宣誓」のやり直しが必要になるはずなのに、その議論がまったくなされていない、というよりあえて知らないふりをして国民の目を欺こうとしていることに大きな疑念を抱かざるをえません。

この「服務の宣誓」は、もちろん私も1988年に入隊したときにはしましたが、企業でいえば「労使協定」「就業規則」、ビジネスでいえば、「契約書」にあたるもので、自衛隊と自衛隊員を成り立たせるいわば「存立基盤」といってもいいでしょう。

安倍首相はこの「服務の宣誓」を一語一句たりとも変えないと言っています。だから安保法制には

図1 自衛隊の服務の宣誓

私は、我が国の平和と独立を守る自衛隊の使命を自覚し、**日本国憲法及び法令を遵守**し、一致団結、厳正な規律を保持し、常に徳操を養い、人格を尊重し、心身を鍛え、技能を磨き、政治的活動に関与せず、強い責任感をもって専心職務の遂行に当たり、**事に臨んでは危険を顧みず、身をもって責務の完遂に務め、もって国民の負託にこたえる**ことを誓います

何も問題はない、現状の延長線にあると言わんばかりですが、これはとんでもないごまかしです。なぜならば、「服務の宣誓」には「現行の憲法と法令を遵守して」と書かれているんですが、その「法令」そのものが、今回の安保法案によって現状とは大きく変わる（それも一つや二つでなくいくつも）からです。

そもそも「服務の宣誓」は、自衛隊法施行規則第39条では、次のように規定されています。

①入隊の条件➡署名、拇印する。しないと入隊はできない
②日本を守るため、危険に対しては身を挺することをもって国民の負託にこたえる
③宣誓によって、専守防衛に限って「命」を差し出す契約

①はいいでしょう。②も実は内容的に変更があ

るのですが、それは後で述べるとして一番問題なのは③の「専守防衛に限って『命』を差し出す契約」です。今回の安保法制では、集団的自衛権行使を容認することで「専守防衛」を大きく踏み越えてしまった（つまり「法令」の根拠が根本から変更される）のですから、これを前提にした「契約」はそもそも効力を失うことになります。

「自衛隊の任務」は地球の裏側まで拡大

さらには自衛隊員の「任務」に対しても「法令」上、大きな変更があります。

自衛隊法第3条によると、1991年までの本来任務は、「専守防衛」を前提として、

①防衛出動
②治安出動
③災害派遣

の3本柱とされてきましたが、1992年に成立したPKO協力法（国際連合平和維持活動等に対する協力に関する法律）によって、カンボジア派遣から始まった、④国際平和協力業務が「付随任務」から「本来任務」に格上げされ、以来、「法令」を変えずになしくずしに4本柱とされました。

具体的には、解釈を変えて一部武器の使用が認められたのですが、当時現役自衛官であった私からすると、それによる問題点は次のとおりです。

①武器をもって海外派兵をする契約はしていない！
②停戦合意があっても、一発でも実弾が飛べば戦争になる！

③敵が撃つまで、反撃はできない！
④隊長の命令がないと、反撃をしてはいけない！
⑤誤って射殺などをすれば、帰国後に刑事罰を受ける！

これでは、「犬死」するだけで、自衛隊員の命はあまりにも軽く、政治の「道具」でしかない。プロの自衛官としては到底納得できませんでした。そこで、私はこれに承服できずに依願退職をしたのですが、その経緯については半田滋さんのインタビューで詳しく述べましたので、参照ください。

このようになしくずし的に変更された自衛隊法第3条にある「自衛隊の任務」が、今回の安保法制では、集団的自衛権行使の容認によって、文言としても次のように修正変更されることになりました。

【現行法】
自衛隊は、我が国の平和と独立を守り、国の安全を保つため、直接侵略及び間接侵略に対し我が国を防衛することを主たる任務とし、必要に応じ、公共の秩序の維持にあたるものとする（略）

⬇

【改正案】
自衛隊は、我が国の平和と独立を守り、国の安全を保つため、我が国を防衛することを主たる任務とし、必要に応じ、公共の秩序の維持に当たるものとする。（略）

つまり「直接侵略及び間接侵略に対し」が削除されたわけですが、その意図はなんでしょうか？

ここには、「我が国の防衛のためには自衛隊は全世界どこまでもいける」という解釈の余地をつくって、来るべき「積極的平和主義」による海外派兵に備えようという企図が見え隠れしてなりません。これもまた、「服務の宣誓」に基づくこれまでの「契約」の変更を意味します。

もうひとつ重要な「法令」の変更があります。それはPKO協力法の改定です。

そのなかで特に私が「自衛隊にとって危ない」と考えるのは、

①「安全確保業務」と「駆け付け警護」の追加

②（イラク復興支援のような）国連主導ではない「国際連携平和安全活動」に参加できるの2点です。

従来の自衛隊のPKO任務は、輸送・建設・停戦監視・司令部業務などでしたが、これに追加されたのが①の「安全確保業務」と「駆け付け警護」です。前者は巡回や検問や警護、後者は離れた場所で武装勢力に襲われた他国軍や国連職員を助けるというもので、共に安倍政権の「積極的平和主義」の目玉ともいうべきものですが、過去、他国によるそれらの活動では反政府勢力による攻撃で多数の死傷者が出ていることからも、自衛隊員の命が危険にさらされる場面が確実に増えることは想像にかたくありません。

②の「国際連携平和安全活動」については、「紛争当事者の合意」や「紛争当事者の同意」が義務づけられているものの、米軍及び多国籍軍が主導する侵攻・占領のなかで行動することになり、これも自衛隊員のリスクを増すことになります。

そもそも①も②も日本が主体的に、あるいは単独にできる活動ではありません。アメリカか多国籍軍かあるいは国連軍かの一員として関わる以上、いくら危なくなって紛争当事国の合意や同意をとりつけたからといって、日本単独の判断で任務をやめて簡単に撤退できるはずもないことは、多少軍事の知識のある人ならわかることです。それができると言い張る安倍首相の答弁は、軍事の世界でまったく通用しません。

他にも関連する「法令」の変更はまだまだありますが、以上紹介しただけでも、「服務の宣誓」に基づくこれまでの「契約」の前提条件を失効させるのに十分すぎます。

「服務の宣誓」には「危険をかえりみず国民の負託に応える」のが「自衛隊の任務」とありますが、前提である遵守すべき「法令」がこれほどまでに変えられる以上は、もはや同じ「契約」に同意したとはいえません。それに未来の自衛隊員を従わせるのはあまりにもひどすぎる、とても自衛隊員が国民の負託に応える環境にはないと元自衛官の私には思えてなりません。

私の同期は、いまや45、46歳で中堅ベテランの階級にいますが、任務が従来とは大きく変わるわけですから、入隊した時の「服務の宣誓」のままでいいはずがないというのが彼ら現場の正直な感覚ではないでしょうか。

したがって、元自衛官としては、安倍首相が安保法制を成立させたいのであれば、全自衛隊員の「服務の宣誓」のやり直し、つまり「再契約」が必要だと考えます。しかし、これをやると、おそらく多くの現職自衛官は「再契約」しないでしょう。その結果、新安保法制の担い手がいなくなる可能性が高い。それはまずいとなると、知らんぷりをする（その可能性が大だと思いますが）。そして、派遣された自衛隊員に不測の事態が起きれば時の政府は責任を追及されることになります。「こんな契約をした覚えはない」と。現場がそんな状態では、士気も低下して成果を挙げることもできません。その意味からも、安保法制は無茶ぶりの「無理筋」であることは明らかなのです。

精鋭レンジャー部隊の海外派遣は却って国防を危うくする

私が次に問題にしたいのは、百歩譲って、仮に安倍首相の安保法制が成立し、大半の自衛隊員が「再契約」するか、あるいは不足は「新兵」で補充ができたとしても、果たして自衛隊内に海外での戦闘に耐えうる部隊がいるのか、という問題です。安保法制が成立すれば、現状をはるかに超える実力精鋭部隊が必要になりますが、これについても安倍政権は何も答えていません。わが国にはアメリカのように海兵隊（マリーン）の特殊部隊もありません。グリーンベレー（米陸軍特殊部隊）もありません。となると、23万人自衛隊のいったいどの部隊が行くというのでしょうか。習志野の空挺団もありますが、PKOを含む海外派遣活動の主力は歩兵なので、やはり約13万8千の陸上自衛隊からとなれば、かつて私が期待されたように、とりあえずは精鋭のレンジャー出身者に白羽の矢が立つでしょう。

ところが、レンジャーの有資格者は現状では約5100名しかいません。しかも、国内の防衛に備えて、全国の師団・連隊に分散配属されています。その「虎の子」を海外に派遣すると、国内の守りが手薄になります。ましてテロが心配されているなかでは、それは国防の命とりになりかねません。だからといって、自衛隊の95%をしめるサラリーマン隊員を海外へ無理やり送るわけにもいきません。それはそれで士気の低下と多くの死傷者を出した上に任務の遂行もできず、大きく国益を損ないかねません。

図2 レンジャー教育の素養試験（抜粋）

体力検定

- 手榴弾投てき：30m以上
- 土のう運搬50m（50kg担いだ状態から）：14秒以内
- 懸垂：最高回数
- 腕立て伏せ：最高回数
- かがみ跳躍：最高回数
- 2000m持久走（小銃執銃）：9分30秒以内など

水泳技能／小火器射撃技能

- 水泳検定基準２級以上
- 泳法自由:100m以上
- 潜水:10m以上
- 立ち泳ぎ1分以上
- 水泳技能に応じた自己安全法及び溺者救助法を修得者
- 小銃射撃検定３級以上　（第１または第２検定）など

だったら、レンジャーを増やせばいいという考えもあるかもしれませんが、実はレンジャー養成は簡単ではないのです。一口でいえば、あまりに訓練が厳しいためになり手がいないのと、1回の教育あたり20人×50万円＝約1000万円と金がかかるからです。

どれぐらい厳しいものなのか、紙幅の制約があるので、私の体験をまじえてできるだけ簡単に紹介してみます。

まずレンジャー教育を受けるには**図2**に掲げた「素養試験」という予備テストをパスしなくてはなりません。ちなみに「最高回数」とは限界までという意味で、懸垂の場合だと、まず鉄棒にぶら下がり、4秒間たつと教官から声がかかるので腕の力だけで顎を引いた状態で鉄棒の上に顔を出して、そこでまた4秒間停止し、それが終わると体勢を腕の力だけで戻してそのまま4秒間ぶら下がる。それでやっと1回とカウントされます。

図3 レンジャー教育課程（前）基礎（後）行動

前半（体力訓練等の抜粋）	後半（実践訓練の抜粋）
▶かがみ跳躍	▶爆破、襲撃、斥候、隠密処理
▶ロープ渡り、ロープ登り	▶通信技術（無線機での戦術交話手信号など）
▶ハイポート（小銃を両手で持ち上げた状態で行う長距離走）	▶野戦築城、潜伏
▶20キロ走、炎天下で、小銃を携帯し戦闘服着用の完全装備	▶ヘリボーン、舟艇潜入、武装水泳、緊急脱出
▶生存自活：生きたカエルや蛇、ニワトリを解体して食べる	▶夜戦、山岳戦、対尋問行動

また、２０００メートル持久走の場合は、戦闘服にヘルメットをかぶり半長靴を履いてヘソから拳一個分を突き出しながら、銃口を時計の11時と銃尾を5時の方向に向けた状態で銃を担いで9分30秒以内で走らなければならない。

それをクリアしてようやく訓練が始まるのですが、20名前後の少数精鋭教育で、基礎訓練を1カ月半駐屯地でした後、演習場などでヘリコプターや戦車などの装備一式をフルに使った実戦訓練を1カ月間行ないます。

まず叩き込まれるのは「レンジャー5訓」。すなわち「飯は食うものと思うな」「道は歩くものと思うな」「夜は寝るものと思うな」「休みはあるものと思うな」「教官は神様と思え」。

前半と後半の実戦訓練メニューを**図3**に掲げましたが、私にとって（そして多くの同期たちにとっても）思い出深いのは、前半では「生存自活」――武器だけを携行し、食料も水筒もなしでカエ

〔上〕ロープによる移動訓練（通称モンキー）〔下〕次なる作戦へ向けトラックで移動

ルやヘビを捕まえては餓えをしのぎ、泥水や葉の夜露で渇きをいやすというサバイバル訓練。後半では、何気なく置かれた宅急便の荷物や子犬のぬいぐるみを足や銃でついたとたんに爆発するトラップをかわしながら、自前でつくった爆弾で橋げたを爆発する作戦、あるいは「隠密処理」という名の暗殺訓練、捕虜の口を割らせて情報をとる「対尋問行動」などでしょうか。

訓練に入る前には遺書を書かされるのですが、なんとか訓練をやり終えた私は、これでは死人が出るわ（実際に死亡事故が発生している）と納得する一方で、なるほど上官から勧められてもなにかと理由をつけて多くの隊員は受けないわけだと「不人気のわけ」も実感したものです。

したがって、急にレンジャーを増やすのは困難と思われるなかで、たとえ国内の守りが不十分になっても、レンジャー卒業生を海外へ出すという方針には無理があります。かつての私がそうでしたが、レンジャー訓練を乗り越えた精強だからこそ、そもそも昔も今も「犬死」を強いられるような法制の下では、命令されても行かないのではないでしょうか。

以上、人材補給の面からも、この安保法制は無茶ぶりの「無理筋」であることは明らかなのです。

自衛隊のリスクは限りなく増大する

3番目に指摘したいのは、安保法制の議論の中で、安倍首相は「リスクは増えない」といい、さらには「そのリスクは訓練で抑えることができる」などと現場からすれば噴飯物の答弁をしていますが、さまざまな面でリスクが大きく増えるという問題です。

まずなんといってもリスクが増える大前提は、集団的自衛権の行使容認にあります。

第1次安倍内閣を含む2006年9月〜2010年1月まで「法の番人」である内閣法制局長官をつとめた宮崎礼壱氏（現法政大学教授）は、「世界」（岩波書店）の2014年8月号で、集団的自衛権をめぐる議論を次のようにすっきり整理されています。

「集団的自衛権も『自衛権』というから各国が持つ自国防衛権の一種ではないか、と考えてしまう人が多いが、それはちがう。集団的自衛権とは『自国が攻撃されていないにもかかわらず』『自国と密接な関係にある外国に対する武力攻撃が起きた場合にこれを実力をもって、阻止・攻撃する権利』である（2004年6月18日政府答弁書）。したがって、自衛権と名前はついているけれど、『自国防衛の権利』である『個別的自衛権』とは定義からしても、実態からしても『異質』である」とした上で、次のように呼び方を変えれば名は体を表すようになると提案しています。すなわち——

個別的自衛権とは「自国防衛」＝「自衛権」
集団的自衛権とは「他国防衛」＝「他衛権」

まさに目からウロコの指摘で、ストンと胸に落ちます。

では、この集団的「他衛権」がどんなリスクを生むかを見ていくことにしましょう。まず第一に挙げたいのは、安倍首相が安全であると繰り返し強調している「後方支援」です。

最も問題なのは、後方支援の一環として、他国軍への弾薬の提供や発進準備中の戦闘機への給油も可能とされたことで、これについては国会審議の中で野党や憲法学者からも「他国の武力行使との一

図4　アフガニスタン戦争における多国籍軍の死者

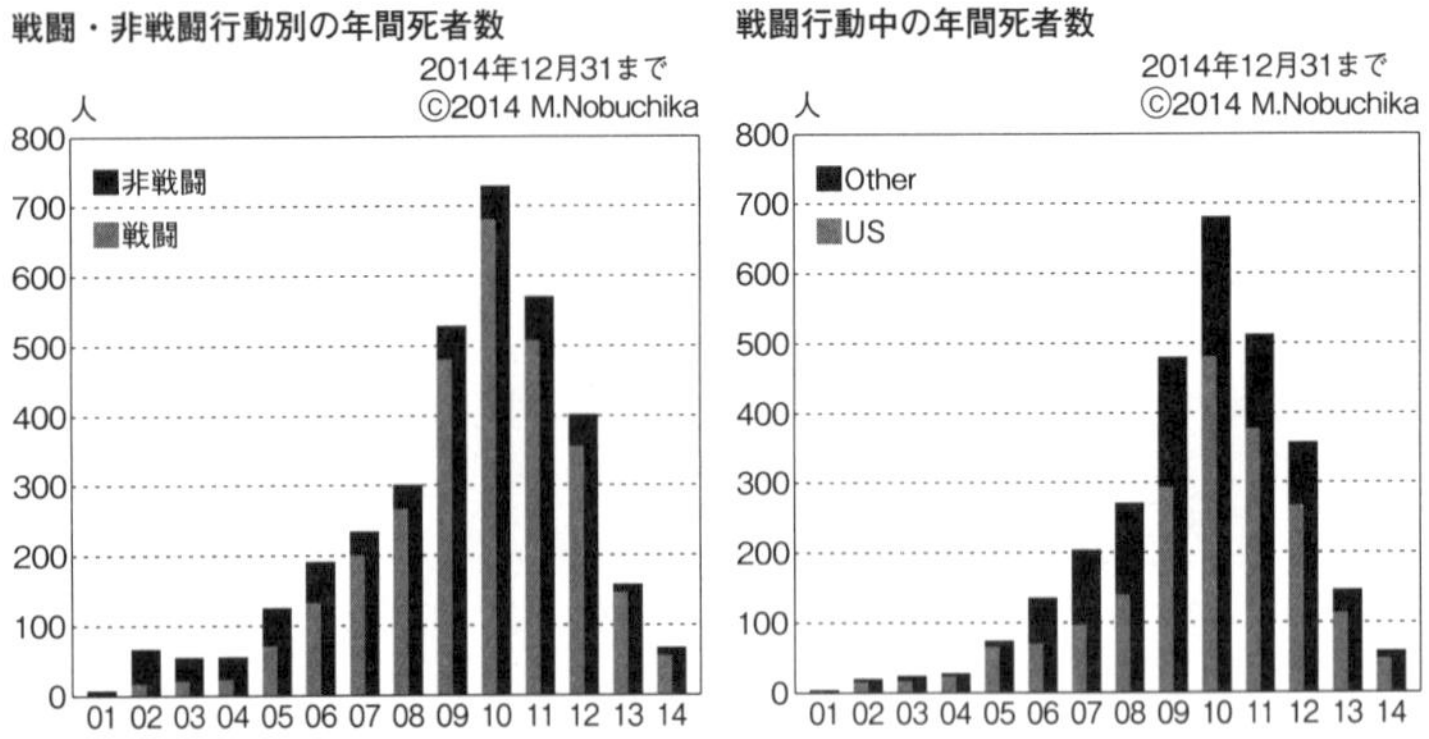

戦闘行動＜非戦闘行動　　米軍＜多国籍軍

【非戦闘行動】
戦闘行動中以外の死者として発表された数で，病気・自殺、訓練中の事故などによる死者のほか、軍事作戦行動中の事故など広い意味では戦闘行動関連の死者も含む

体化にあたる」と指摘がされました。そうなれば、米軍と多国籍軍を敵とみなす勢力からは「戦争当事国」と見られ、自衛隊の担う後方支援は戦争時に最も「攻撃対象」になるのは火を見るよりも明らかなことです。

これは「敵」の立場に立てば一目瞭然です。すなわち、アメリカも含めて最前線は最新の武器とクオリティの高い隊員がいるので、そんなところへは戦闘はしかけない。それよりも物資を移送中の補給部隊やベースキャンプにゲリラ的に攻撃をすることで相手を混乱させ、相手の戦力を徐々にそいでいく方が効果があるに決まっているからです。

それは実際数字にはっきり表われています。

イラク戦争における死傷者を、「戦闘行動中」と「非戦闘行動中」で比較対照したのが**図4の左**で、「米軍」と「米軍を支援した有志連合軍」で比較対照したのが**図4の右**です。これによると、

「有志連合軍」の「非戦闘行動」に死者が多い。「非戦闘行動」には「後方支援」もふくまれ、また有志連合は米軍の「後方支援」を担うことが多いことから考えて、このデータは「最前線」よりも「後方」のリスクが大きいことを証明しています。

朝日新聞（2015年7月21日朝刊「現場から考える安全保障法制」）にも、米陸軍が2009年にまとめた報告書からの引用として、こんな指摘がされています。「アフガニスタンでの戦闘任務についていた2007年会計年度で、駐アフガン米軍基地への燃料輸送任務は計897回で死傷者が38人。後方支援に当たった燃料輸送車両がタリバンなどの武装勢力に襲撃されて24回の輸送ごとに1人の死傷者がでた計算になる」

本書でもインタビューに応じてくださった小林節慶應義塾大学名誉教授は、6月4日の衆院憲法審査会に参考人に呼ばれて、「後方支援は日本の特殊概念で、要するに戦場に後ろから参戦するだけの話だ」と喝破されています。

以上のことから言えるのは、安倍首相の「後方支援は安全」の答弁とは裏腹に、日本の自衛隊員のリスクは限りなく高まるのは間違いありません。

後方支援はアメリカのリスクと費用の肩代わり

しかし、後方支援によって単に日本の自衛隊のリスクが増えるだけではありません。実は、この裏には日米にとって不都合な真実が隠されているのです。

アメリカは1990年代に入ってから、海兵隊の退役者が立ち上げた民間軍事会社に「後方支援」

を丸投げするようになりました。理由はこうです。

戦争ではロジスティック（補給）を絶つのが「必勝の基本セオリー」です。いくらアメリカが実戦経験ナンバーワンで最新兵器を有していても、補給が絶たれると前線が孤立して敗北の憂き目にあうかもしれない。いっぽう後方支援を軍でになうと兵士が死傷したときに軍が責任をもたなければならないが、後方支援を民間軍事会社にアウトソーシングすれば、死傷者が出ても軍人としてカウントされず、軍人なら莫大な額になる見舞金や戦死慰労金を払わなくてすむ。まさに一石二鳥の策として進められたのが、後方支援の民営下請化に他なりません。

実際、米軍は、1994年から2002年までに3000以上の民間軍事会社と後方支援を委託契約。2003年のイラク戦争では、基地の建設、兵器の輸送、兵士の食事管理などの兵站支援などだけではなく、戦闘も民間軍事会社に委託しました（出典：『Q&Aで読む　日本軍事入門』前田哲男・飯島滋明編（吉川弘文館））

その米軍の後方支援を今回の安保法制が成立すれば、日本が肩代わりしてくれることになるのです。これでアメリカはさら軍事経費を減らすことができる。民間軍事会社への委託費は日本の税金が、死傷者は自衛隊が肩代わりしてくれるのですから、アメリカにとって願ったりかなったりです。これで「一石二鳥」がさらに「一石三鳥」にもなるのです。

気になるのは、「民間軍事会社の死傷者がどれぐらいか」ですが残念ながら公開されていません。民間なので国に情報公開の義務はないということで、結果として「情報隠し」をするという巧妙な手口とも考えられます。いずれにせよ前掲の図4のデータからみて、アメリカの民間軍事会社の後方支援活動の相当部分を日本が肩代わりするようになれば、自衛隊員からも相当数の死傷者が出ることは避けられないでしょう。

それでも安倍首相がアメリカに後方支援を約束したのは、その裏に、日本が後方支援を肩代わりすることでアメリカの戦費の大幅コストダウンをはかろうという不都合な真実があったからなのです。

国民平均の3~16倍も高い海外派遣隊員の自殺率

自衛隊が海外派遣でこうむるリスクは後方支援による死傷者だけではありません。派遣中に、あるいは帰国してからPTSD（心的外傷後ストレス障害）などで自殺する隊員が増大するという、深刻な問題があります。

そもそも通常でも自衛隊員の自殺者は一般の国民よりも多いということをご存じでしょうか。本書でもお話をうかがった元内閣官房副長官補（イラク派兵担当）柳澤協二さんによれば、2012年度の自衛官の自殺者は79人（2842人に1人）に対して2013年度の全国民の自殺者は2万7283人（4672人に1人）と、自衛隊の〝自殺率〟が2倍近くも高い。（2014年7月26日の講演）

自衛隊全体の自殺者が毎年約70人とすると、陸自の1個小隊は38人ですから、戦争もしていない自衛隊のなかで、毎年2個小隊が全滅している計算になります。これはおそらく自衛隊という〝職場〟が一般社会よりもストレスが高いことを意味しており、元自衛官としては正直ショックでした。

だったら、海外派遣ではもっと高いのではないかと、容易に想像がつきますが、政府は公表を控え

図5 アフガニスタン／イラク戦争の派兵を経験した自衛官の自殺者数

		派兵期間	自殺者数	のべ派兵数	割合
インド洋	海	2001.11～07.11	25人	約10900人	436人に1人
	海	2008. 1～10. 1	4人	約2400人	600人に1人
イラク	陸	2004. 1～06. 9	21人	約5600人	267人に1人
	空	2003.12～09. 2	8人	約3630人	453人に1人
自衛官自殺者数（2012年度）			79人		2842人に1人
全国の自殺者数（2013年度）			27283人		4672人に1人

派兵自衛官自殺者は2014年3月末時点の数字
阿部知子衆議院議員提出の「イラク派遣自衛隊員の自殺率の算出及び比較等に関する再質問主意書」に対する2015年7月2日付の安倍晋三内閣総理大臣名の「答弁書」と朝日新聞記事（2015年6月6日）などをもとに井筒が作成

てきて、しばらくそれを知ることができませんでした。それがようやく昨年初夏に、アフガニスタン、イラクの両戦争に派兵された自衛官の自殺者が２０１４年３月末時点で少なくとも60人近くにのぼることが明らかになりました。

その詳細をまとめたのが**図5**ですが、それによると、海外派遣隊員の自殺率が、国民平均に比べてなんと約３～16倍、自衛官全体と比べても約２～10倍も高いことに、私は愕然としました。

そんな深刻な事態が深く静かに進行しているにもかかわらず、防衛省は、「気持ちが弱いからだ」で片付けてしまう、これもまた深刻な問題だと言わざるを得ません。少々古い資料になりますが、11年前の２００４年１月22日に開かれた防衛省の第４回「人事関係施策等検討会議」では、こんな認識が示されています。

「自殺の原因を究明することも大事ですが、精強な自衛隊を作るためには、質の確保が重要であり、自殺は自然淘汰として対処する発想も必要と思われます」（出典：『Q&Aで読む 日本軍事入門』前田哲男・飯島滋明編（吉川弘文館））

その後自衛隊の自殺者・自殺率が改善されないことからも、そうした防衛省の「認識不足」は今も変わっていないと思われます。

私は、本書の随所で2004年のイラクへの自衛隊派遣にふれて、死傷者が出なかったのはひとえに自衛隊の抑制的努力によるもので、奇跡的であったと指摘してきましたが、今回の安保法制の下で海外派遣が行なわれた場合には、その奇跡を再び期待するのは不可能だと考えます。多くの犠牲者が出るのは間違いありません。

柳澤協二さんも前掲の講演で「集団的自衛権により戦死者が出れば、自殺者も増える」と危惧されていますが、私も同感です。それは実際に派遣される前から起きるでしょう。

恒久法をつくって自衛隊がいつ何時でも出かけなければいけないということになれば、北海道から沖縄の部隊のどこかの部隊に必ず待機命令が出されます。結婚して兵舎外に住んでいる隊員たちも駐屯地内で拘束されて帰宅できない。1週間単位ですむこともあれば、状況が深刻かつ見極めが難しい場合は1カ月単位になるかもしれない。そうなると自殺者が増えるのではないかと私は危惧しています。

自衛隊法に新設される人権無視の「国外犯処罰規定」

ここまでみてきたように、安倍政権がやっきになって進めようとしている新安保法制によって現場の自衛隊員のリスクはいや増すばかりです。海外へ派遣されて死傷するリスクに加えて、PTSDでうつ病にかかり、自殺を余儀なくされるリスク。にもかかわらず、それへの手当はまったくされず、「死傷するリスクも任務のうち」「自殺するのは気が弱いからだ」といわんばかりの態度には、激しい憤りを覚えざるを得ません。

さらに、今回の安保法制の一環として、憤りを超えて怒りを覚えるような仕打ちがされようとしています。

それは、自衛隊法122条の2に「国外犯処罰規定」が新たに整備（追加）されたことです。その概要は以下のとおりです。

①上官の職務上の命令に対する多数共同しての反抗及び部隊の不法指揮
（3年以下の懲役又は禁錮）
②防衛出動命令を受けた者による上官の命令反抗・不服従等
（7年以下の懲役又は禁錮）

「服務の宣誓」すら改正せずに、新設される自衛隊法122条の改正は、刑事罰をもって自衛隊員を強要する、いわば国家による「強要罪」ともいうべき悪法に他なりません。

これでは自衛隊の人権も命もあまりにも軽い。いや、軽いどころか虫けら同然の扱いです。戦争のリアリティーと自衛隊の実態を知らない安倍首相の本質――自衛隊で最低の最高指揮官である安倍晋三の独裁政治をここにも垣間見ることができます。

進む自衛隊のブラック企業化

このような状態では、自衛隊はブッラク企業で、若者たちからそっぽを向かれてしまうのではないかと私も心配になりますが、防衛省もようやく危機感を抱いて、2011年に「自衛隊の精強性向上などのため人事制度の見直しについて」を打ち出しました。概要は以下のとおりです。

①任務や自衛官の体力、経験、技能などのバランスに留意しつつ士を増勢
②幹部および准曹の構成比率を引き下げ、階級および年齢構成のあり方を見直し、若年化を進めることにより第一線部隊の精強性を向上させる
③中長期的に人件費を管理するため、定員および現員の数を管理する仕組みを確立
④限られた予算の中で第一線部隊に若年隊員を優先的に充当し、必要な人員を確保するため、後方業務の合理化・効率化と処遇の見直しによる新たな任用制度を導入
⑤幹部・准曹・士の各階層の活性化を図るための施策を検討・導入
⑥年齢構成の改善を通じて精強化および人件費の効率化を図る観点から早期退職制度を導入
⑧厳しい労働環境に対応した募集・再就職援護態勢のあり方などを検討

「第一線部隊」とは要は戦争をする普通科連隊のことですが、若年化をすすめないと海外派遣など覚

図6 自衛官の階級・年齢構成（全体の構成）

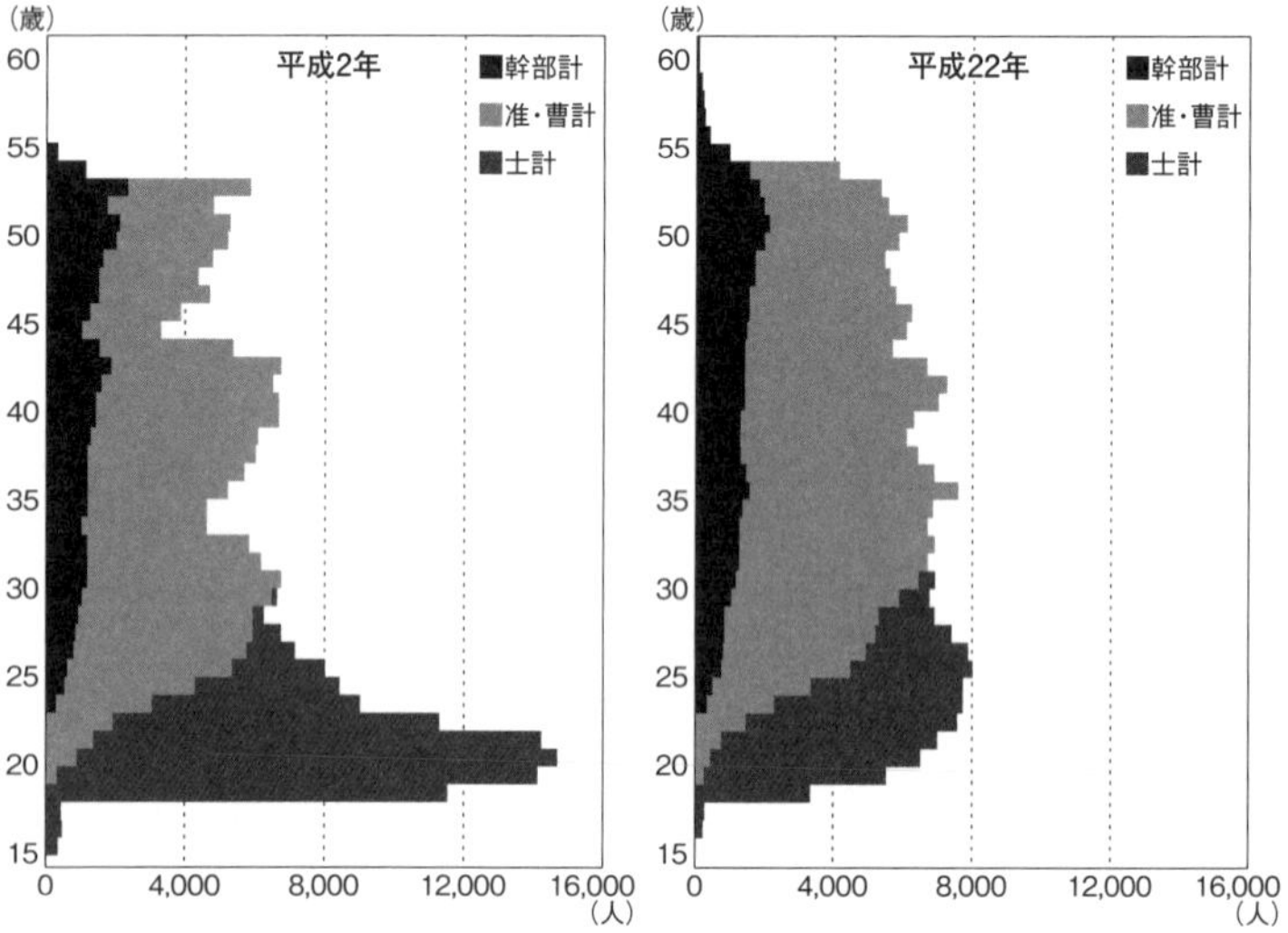

出所：防衛白書2012年度版より

束ないことを認めたものと言えます。

では実際の年齢構造の変遷はどのようになっているのか、それを示したのが**図6**です。

左が1990年（平成2）で私がいた時代ですが、若い隊員が裾野をつくるピラミッド型で、組織の持続可能性からみて理想形といえます。しかし右の2010年（平成22）には、若者が半減してビア樽型になっています。現状は数の面だけでなくコスト面でも深刻です。冷酷な言い方ですが、海外に自衛隊が行って戦死者が出た場合、10代20代なら階級も低いのと在任年数も少ないので退職金も少ないし、単身者が多いので遺族年金も少なくてすむ。一方、30代40代の陸曹クラスに死なれると2階級特進で尉官組の扱いになり支払いも大きく膨らみます。つまり若いほど「戦死のコスト」は安上がりなのです。これは前述した米軍の民間軍事会社へのアウトソーシングと構造がよく似ています。

そこで防衛当局にとっては、若者をリクルートして昔のピラミッド型年齢構成に戻すことが焦眉の課題であり、安保法制が成立すれば、その喫緊性はいっそう高まります。

２０１４年10月6日付の東京新聞が「高校生に自衛隊募集のＤＭが届いている」と報じたのも、そんな背景があってのことと思われます。同記事によると、全国１７４２市区町村のうち、１２２９が自衛隊の求めに応じて、高校3年生に関する個人情報を防衛省に積極的に提供。要請根拠は、自衛隊法施行令１２０条の「防衛大臣は、自衛官または自衛官候補生の募集に関し必要があると認めるときは、都道府県知事または市町村長に対し、必要な報告または資料の提出を求めることができる」にあると思われますが、高校3年生の7月1日ということは、18歳未満も相当数含まれ、未成年者の情報を利用することについては、成人の場合よりも慎重な配慮が必要だと、記事は指摘しています。

しかし、前述したように自衛隊が内包するブラック企業体質を改善しない限り、若者のリクルートはまず実を上げられないでしょう。それを見越してなのかはわかりませんが、新たな任用制度が必要だということで、去年の8月の文科省の会議で、ある経団連の有力者から、奨学金を滞納している大学生を支払いを免除してやる代わりに自衛隊に入隊させたらいいとの意見が出されたそうです。また、最近成立した労働者派遣法の改正について、これは格差を拡大させて貧困層の若者を自衛隊へ入れるための仕組みではないかとのうがった見方もあるようです。もしそんなことが現実になったら、自衛隊はまさに日本最大のブラック企業になってしまうわけで、私としては絶対に承服できません。

その点からも、今回の安保法制は無茶ぶりの「無理筋」であることを重ねて指摘したいと思います。

図7 集団的自衛権のメリットとデメリット

メリット＝得するヒト	デメリット＝損するヒト
▶安倍晋三さん	▶自衛隊
▶外務官僚と警察官僚	▶即応予備自衛官、予備自衛官
▶自公政権とその補完政党	▶20代以下の若者
▶軍需産業	▶生活困窮者
▶アメリカと同等の国々	▶子どもと女性
	▶高齢者、障がい者
※すべて戦争の最前線に派兵されないヒトたち	※立憲主義の崩壊 9条の空文化＝戦争する国へ

アーミテージ／ナイ・レポートの恐るべきシナリオ

　以上、私の後輩である自衛隊員の立場に立って、安保法制の問題点・矛盾点を指摘してきましたが、安保法制によって〝不利益〟を被るのは、自衛隊員だけではありません。**図7**のように、大半の国民、とりわけ生活困窮者、子ども、女性、高齢者、障がい者など社会的弱者がつらい目にあいます。片や〝利益〟を得るのは、安倍首相以下、外務官僚、警察官僚、自公政権とその補完政党、軍需産業、そしてアメリカと同等の国々です。

　それにしても、なぜ安倍首相は国民の大半に不幸と不利益をおしつけてまで、安保法制をなにがなんでも通そうとしているのでしょうか。

　そのヒントを、孫崎享さんの著作『アメリカに潰された政治家たち』（小学館、２０１２年）が与えてくれます。同書によると、２００８年４月、アメリカの高級エリート官僚の養成機関であるハーバード大学ケネディ行政大学院の院長でアメリカ政府に強い影響力をもつジョセフ・ナイが上院・下院、民主・共和両党の国会議員200名を集めて「対日超党派報告書」を作成、そこには以下のような恐るべきシナリオが記されています。

①東シナ海、日本海には未開拓の石油、天然ガスが眠っており、その総量はサウジアラビア一国に匹敵する。米国は何としても、それを入手しなければならない
②チャンスは中国と台湾が軍事紛争を起こした時であり、米国は台湾側に立ち、米軍と日本の自衛隊は中国軍と戦争を行う
③中国軍は必ず、日米軍の離発着、補給基地としての沖縄等の軍事基地に対して、直接攻撃を行ってくる。本土を中国軍に攻撃された日本人は逆上し、日中戦争は激化する
④米軍は戦闘の進展とともに、米国本土からの自衛隊への援助は最小限に減らし、戦争を自衛隊と中国軍の独自紛争に発展させていく作戦を米国は採る
⑤日中戦争が激化したところで米国が和平交渉に介入し、東シナ海、日本海において米軍がPKO活動を行う。米軍の治安維持活動のもと、米国はこの地域のエネルギー開発でも主導権を握ることができ、それは米国資源獲得戦術として有効である
⑥この戦略の前提として、日本の自衛隊が自由に海外で「軍事活動」ができるような状況を形成しておくことが必要である。

孫崎氏は、このナイ・レポートから、アメリカは東シナ海と日本海の「パレスチナ化計画」を策定しており、日本を「かませ犬」にして「使い捨て」にする計画を着々と進めてきたと指摘しています。その流れの中に安倍政権による安保法制があるとするのは、大いに説得力があります。

さらに、この対日提言レポートは、その後ジャパン・ハンドラー（日本操縦者）として知られるアーミテージ元国防副長官をまとめ役に加えて「アーミテージ／ナイ・レポート」として、3回にわたって出されますが、最近の2015年7月に提言された「第3次レポート」では9項目あるうち、集団的自衛権にかかわる項目が以下のとおり提言されています。

（提言2）日本は、海賊対処、ペルシャ湾の船舶交通の保護、シーレーンの保護、さらにイランの核開発プログラムのような地域の平和への脅威に対する多国間での努力に、積極的かつ継続的に関与すべきである。

（提言6）新しい役割と任務に鑑み、日本は自国の防衛と、米国と共同で行う地域の防衛を含め、自身に課せられた責任に対する範囲を拡大すべきである。同盟には、より強固で、均等に配分された、相互運用性のある情報・監視・偵察（ＩＳＲ）能力と活動が、日本の領域を超えて必要となる。平時（peacetime）、緊張（tension）、危機（crisis）、戦時（war）といった安全保障上の段階を通じて、米軍と自衛隊の全面的な協力を認めることは、日本の責任ある権限の一部である。

（提言7）イランがホルムズ海峡を封鎖する意図もしくは兆候を最初に言葉で示した際には、日本は単独で掃海艇を同海峡に派遣すべきである。また、日本は「航行の自由」を確立するため、米国との共同による南シナ海における監視活動にあたるべきである。

この3つの対日提言をみると、安保法制をめぐる安倍首相のこの間の動きが、ナイとアーミテージの対日シナリオにしっかりと乗っていることは明らかです。

冒頭の特別寄稿で浅田次郎氏は「安倍首相は日本国民に了解を取り付ける前にアメリカで約束をしたのは、国民への侮辱で許せない」と憤っておられますが、そんな安倍首相の強引かつ傲岸な態度も、ジャパン・ハンドラーたちのシナリオによって説明がつこうというものです。

9条の実践で平和国家・日本を世界ブランドに

この「アーミテージ／ナイ・レポート」を下図とするアメリカのシナリオにそのまま乗ることは、憲法9条を空文化して「戦争する国」へ日本を変える道であり、日本および日本人の生命と財産をアメリカの利益のために危険にさらすことになります。それは安倍首相が好んで使う、「日本国民の幸福追求の権利」を著しく損なうことになります。

すでに国民の多くはそれに気づいて、ノーの声を上げ、世論調査でもそれは6割を超えてさらに増えつつあります。にもかかわらず安倍首相は「支持率など利那的なもので、いずれ正しかったとわかるはずだ」というとんでもない「選民・愚民思想」にもとづいて、安保法制を強行しようとしています。こんな危険な賭けに私たちは身をゆだねることは絶対にできません。何としても阻止しなければなりません。

では、われわれは、どんな日本をめざすべきなのでしょうか。

私は、「憲法9条の実践こそ平和国家・日本ブランドをつくること」であると考えます。

戦後70年間、戦争をしなかったのは「憲法9条」の実力です。この歴史的な事実を国民全体で共有しながら、自衛隊は次のようにあるべきだと考えます。

①テロや戦争の対応は米国等と一線を画す
②自衛隊は専守防衛、必要最小限の武力に留める
③海外派兵は現行の国際緊急援助隊とＤＤＲ（武装解除、動員解除、社会復帰事業）に限定する
④社会復興支援活動にのみ従事することを明確にする

突撃インタビューア
プロフィール

井筒高雄　（いづつ・たかお）
1969年、東京都生まれ。高校は陸上部（長距離）の主将。卒業後、円谷幸吉氏にあこがれて自衛隊体育学校をめざし、1988年陸上自衛隊第31普通科連隊に入隊。自衛隊体育学校集合教育へ。1991年レンジャー隊員となる。1992年PKO法が成立。1993年、海外派兵の任務遂行は容認できないと３等陸曹で依願退職。大阪経済法科大学卒業後、2002年から兵庫県加古川市議を２期つとめる。

編集協力／同文社（斎藤明、濱田研吾）、松本泰高
カメラ／堂本ひまり

安保法制の落とし穴

2015年９月３日　　第１刷発行

著　者　井筒高雄
発行者　唐津　隆
発行所　株式会社ビジネス社
〒162-0805　東京都新宿区矢来町114番地
神楽坂高橋ビル５階
電話 03(5227)1602　FAX 03(5227)1603
http://www.business-sha.co.jp

カバー印刷・本文印刷・製本／半七写真印刷工業株式会社
〈カバーデザイン〉中村聡　〈本文DTP〉茂呂田剛(エムアンドケイ)
〈編集担当〉前田和男(同文社)　〈営業担当〉山口健志

ISBN978-4-8284-1835-3